国家级一流专业建设配套教材
普通高等教育机械类专业基础课系列教材

工程制图基础及 AutoCAD 习题集

主　编　陈卫华　康永平
副主编　张兰英　陈文科

北京理工大学出版社
BEIJING INSTITUTE OF TECHNOLOGY PRESS

内容简介

本书是与陈卫华、张兰英主编的《工程制图基础及 AutoCAD》教材配套使用的习题集，内容主要包括制图的基本知识与技能、投影基础、立体及立体表面的交线、组合体视图、轴测图、零件的表达方法、标准件和常用件、零件图、装配图和计算机绘图。书中为部分习题配套制作了三维数字化模型，内容新颖，可视化强，注重对学生的空间想象力和构型能力的培养。

本书可作为高等院校近机械类和非机械类各专业教材或参考书，也可供相关工程技术人员参考。

图书在版编目（CIP）数据

工程制图基础及 AutoCAD 习题集 / 陈卫华，康永平主编. --北京：北京理工大学出版社，2024. 8.

ISBN 978-7-5763-3916-1

Ⅰ. TB237-44

中国国家版本馆 CIP 数据核字第 20245AN960 号

责任编辑：陆世立　　**文案编辑**：李　硕
责任校对：刘亚男　　**责任印制**：李志强

出版发行 / 北京理工大学出版社有限责任公司
社　　址 / 北京市丰台区四合庄路 6 号
邮　　编 / 100070
电　　话 / （010）68914026（教材售后服务热线）
（010）68944437（课件资源服务热线）
网　　址 / http://www.bitpress.com.cn

版 印 次 / 2024 年 8 月第 1 版第 1 次印刷
印　　刷 / 唐山富达印务有限公司
开　　本 / 787 mm×1092 mm　1/16
印　　张 / 7. 5
字　　数 / 147 千字
定　　价 / 28. 00 元

前　言

编者根据教育部高等学校工程图学课程教学指导委员会于2015年修订的《普通高等院校工程图学课程教学基本要求》，以及最新发布的《技术制图》和《机械制图》等国家标准，结合兰州理工大学工程图学省级教学团队在教学改革和课程建设方面长期积累的丰富经验编写此书，与陈卫华、张兰英主编的《工程制图基础及AutoCAD》配套使用。

本书适合高等院校近机械类和非机械类各专业使用，部分章节根据不同专业和学时可作为选学内容。本书由兰州理工大学“工程制图”课程负责人和骨干教师编写，陈卫华、康永平任主编。参加编写工作的教师有陈卫华（第1章、第6章、第7章），康永平（第4章、第5章、第9章），张兰英（第2章、第3章、第8章），陈文科（第10章）。

本书融合了兰州理工大学“工程制图”教学团队长期积累的教学成果和资源，在此向多年来在课程建设中做出贡献的老师们致以诚挚的谢意！编者在编写本书的过程中得到了学校和教研室的大力支持，在此也对所有关心和帮助本书出版的人员表示衷心的感谢！

由于编者水平有限，书中难免存在不足之处，恳请广大读者批评指正。

编　者

2024年6月

目　录

第 1 章　制图的基本知识与技能

1.1　字体练习

制	图	校	对	审	核	序	号	名	称	数	量	材	料	比	例	班	级	零	件
装	配	螺	栓	螺	母	垫	圈	弹	簧	键	销	滚	动	轴	承	齿	轮	蜗	杆
箱	盘	盖	叉	架	规	格	备	注	粗	糙	度	技	术	要	求	标	准	认	真

姓名：　　　　班级：　　　　学号：

1.1 字体练习

1 2 3 4 5 6 7 8 9 0 Ø A B C D E F G H I J K L M N O P Q R S T U V W X Y Z

a b c d e f g h i j k l m n o p q r s t u v w x y z α β γ

Ⅰ Ⅱ Ⅲ Ⅳ Ⅴ Ⅵ Ⅶ Ⅷ Ⅸ Ⅹ

姓名： 班级： 学号：

1.2　图线及尺寸标注

将下图用 2∶1 的比例抄画在 A3 图纸上，并标注给出的尺寸。

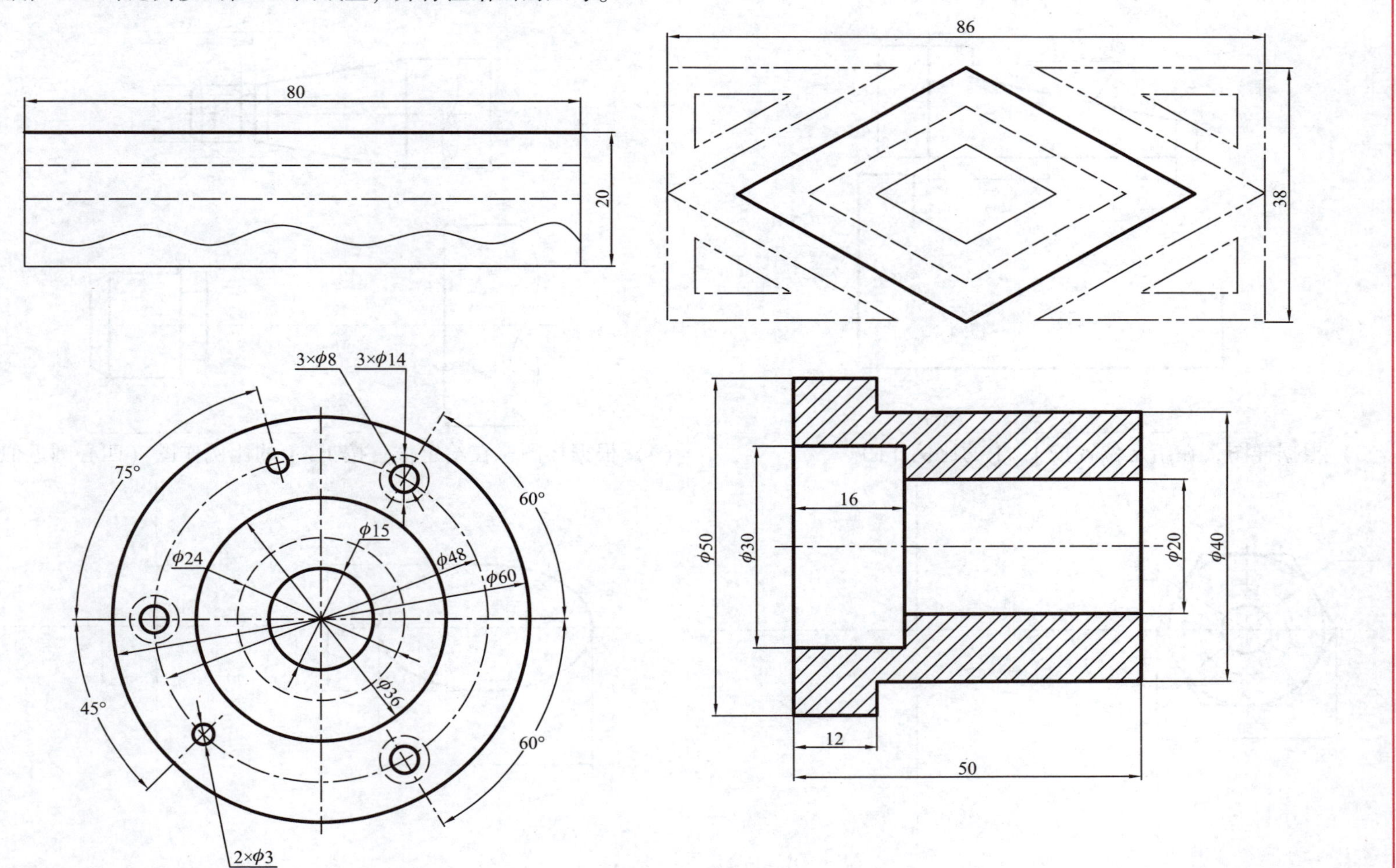

1.3 几何作图

(1) 按图中给定的尺寸，作出斜度并标注。

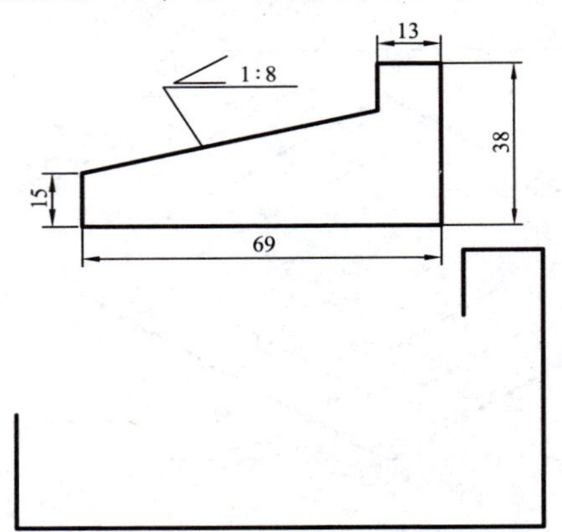

(2) 按照图中给定的尺寸，以 1 : 1 的比例抄画图形并标注锥度。

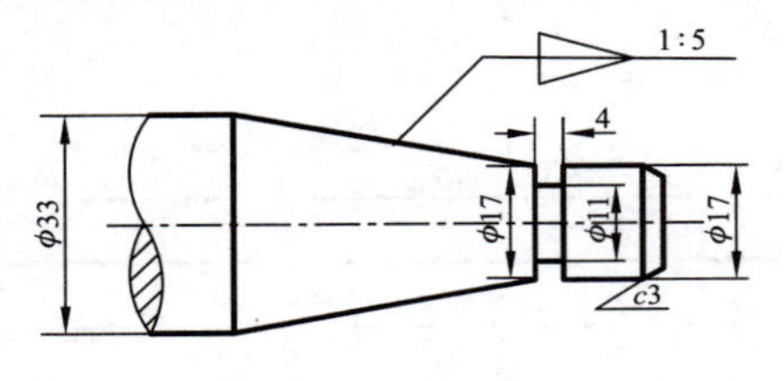

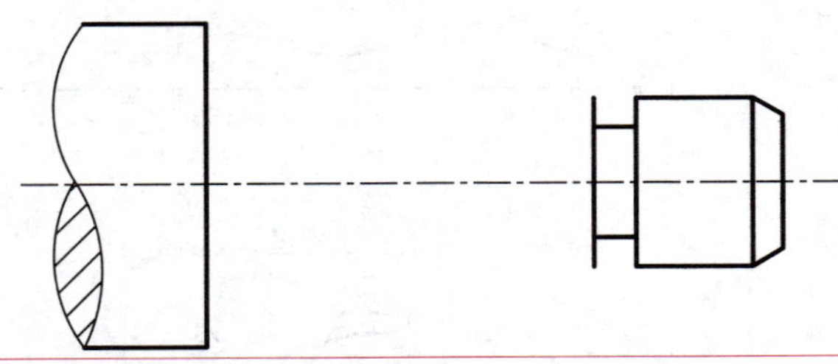

(3) 根据样图，在给定位置按 1 : 1 的比例作图。

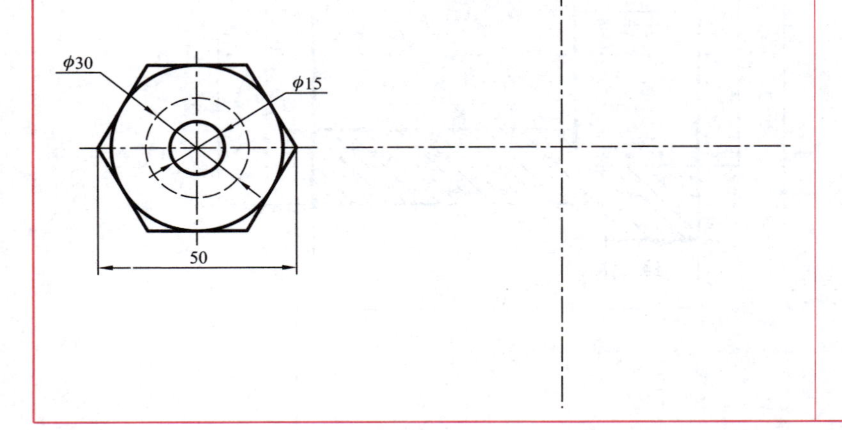

(4) 根据样图，在给定位置按 1 : 1 的比例作图（四心圆近似法）。

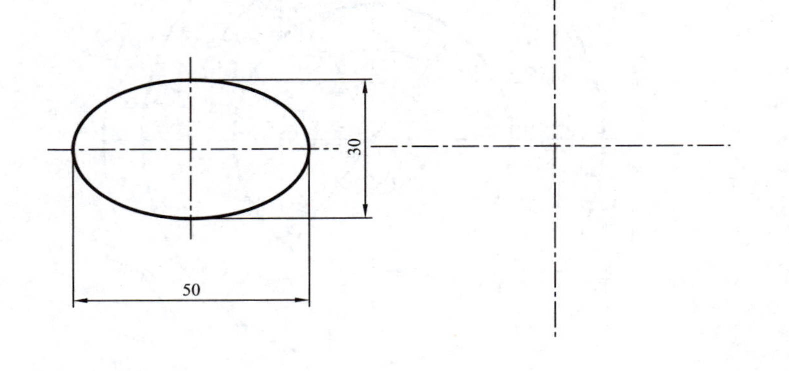

姓名：　　　　班级：　　　　学号：

1.3　几何作图

（5）圆弧连接：按 1 : 1 的比例完成图形连接，并标注出连接弧的圆心和切点。

①

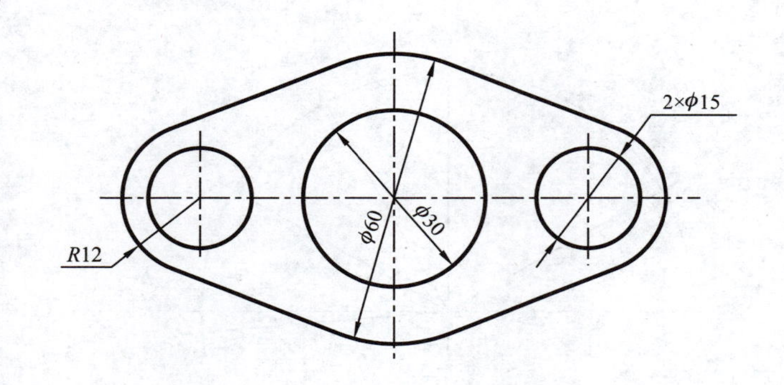

②

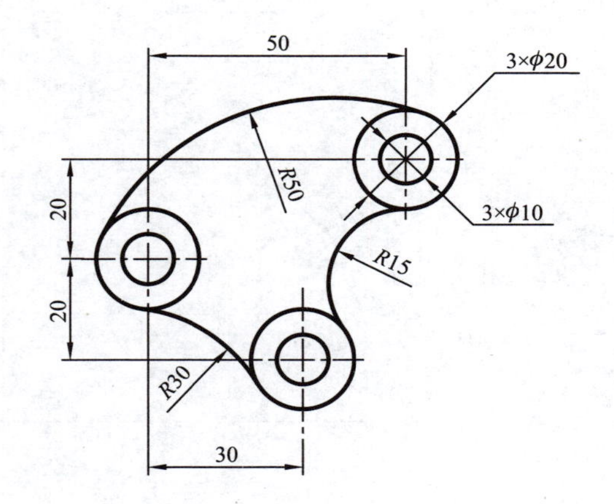

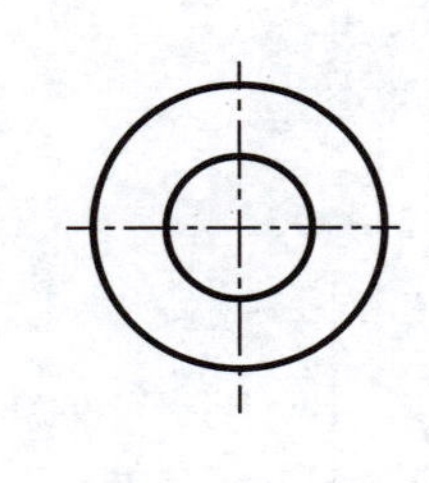

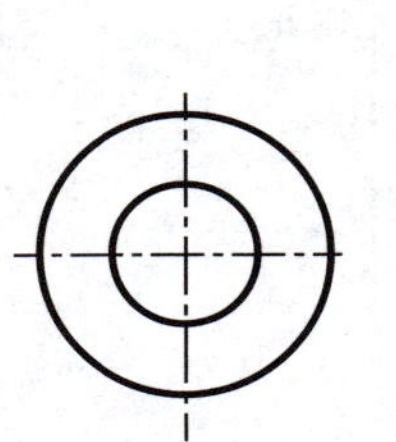

1.4　尺寸标注练习

根据尺寸标注的规定标注尺寸（尺寸数值可直接从图上量取整数值）。

（1）标注各个方向的线性尺寸。

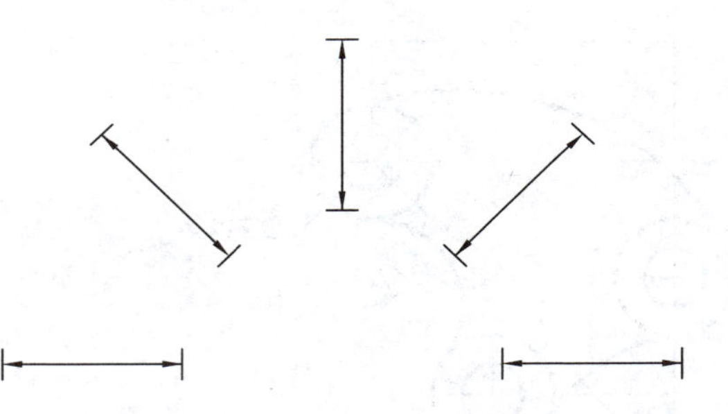

（2）标注角度。

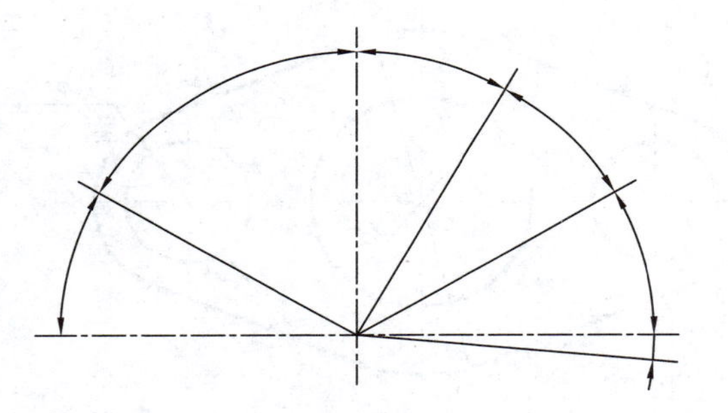

（3）标注半径。

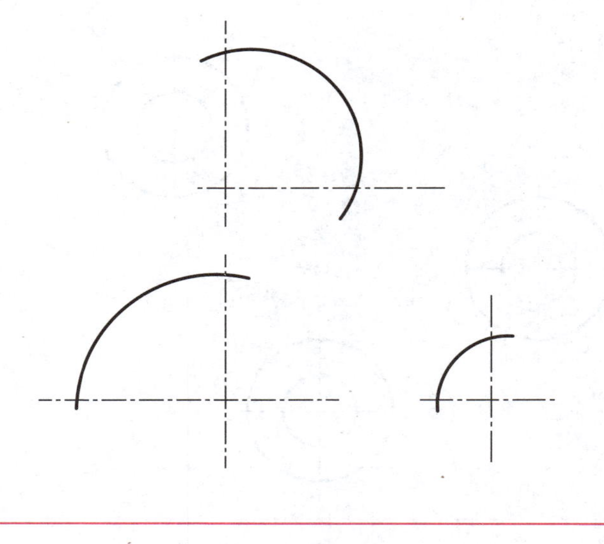

（4）标注直径。

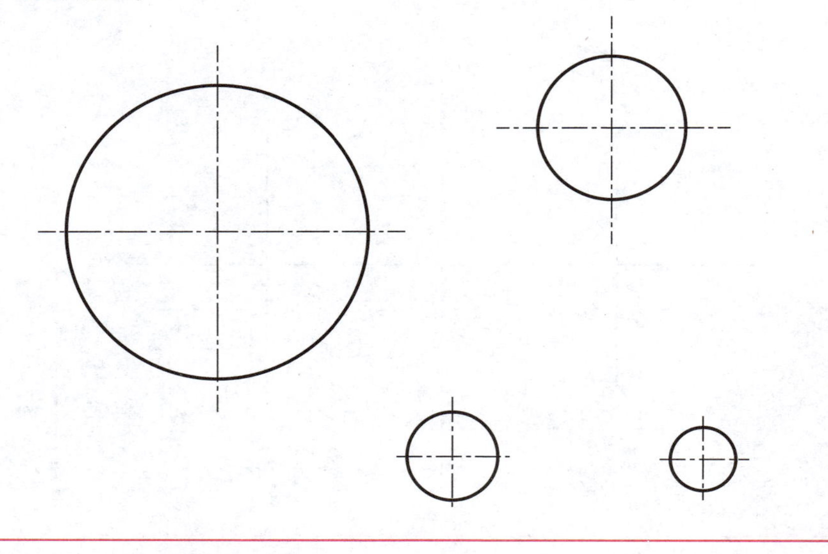

姓名：　　　　班级：　　　　学号：

第 2 章　投影基础

2.1　点的投影

(1) 根据轴测图作出点 A、B、C 的投影（尺寸按 1∶1 从立体图中量取）。

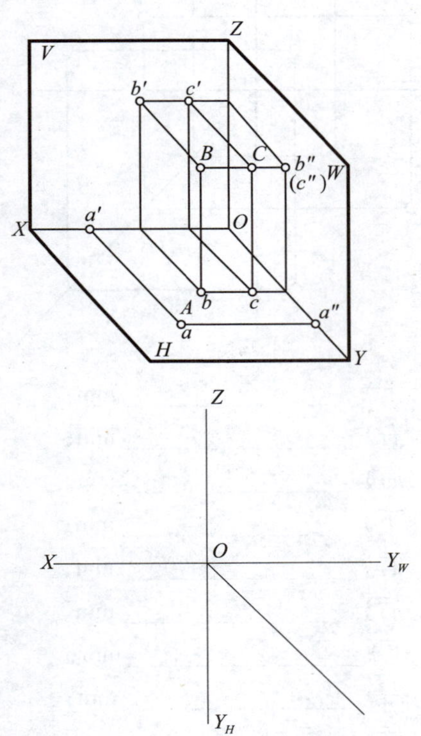

(2) 作出点 A（30，25，35）、点 B（20，15，10）、点 C（10，30，0）的三面投影。

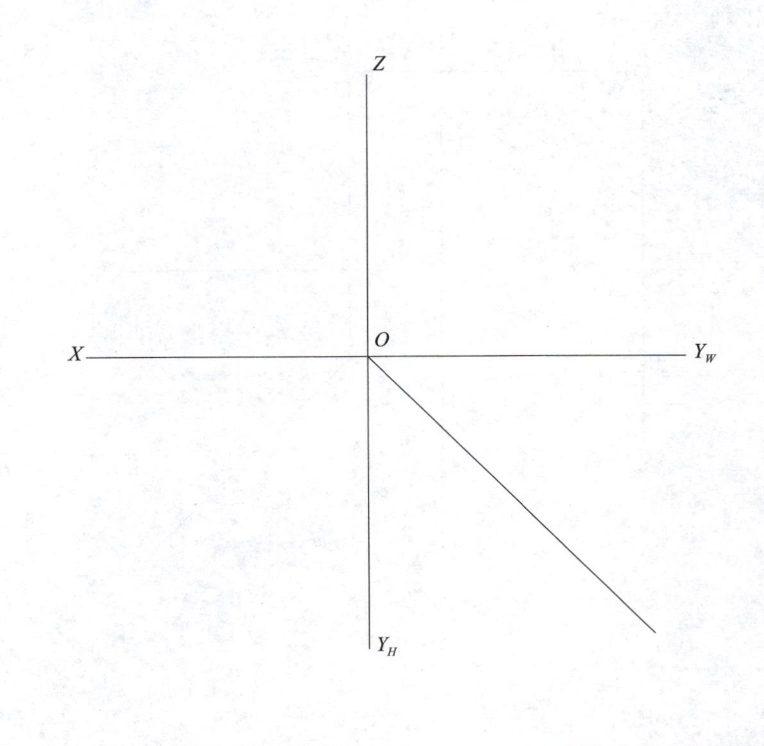

姓名：　　　　班级：　　　　学号：

2.1 点的投影

(3) 已知点 B 距离点 A 为 15 mm；点 C 与点 A 是对 V 面的重影点，点 D 在点 A 的正下方 20 mm。补全各点的三面投影，并标明可见性。

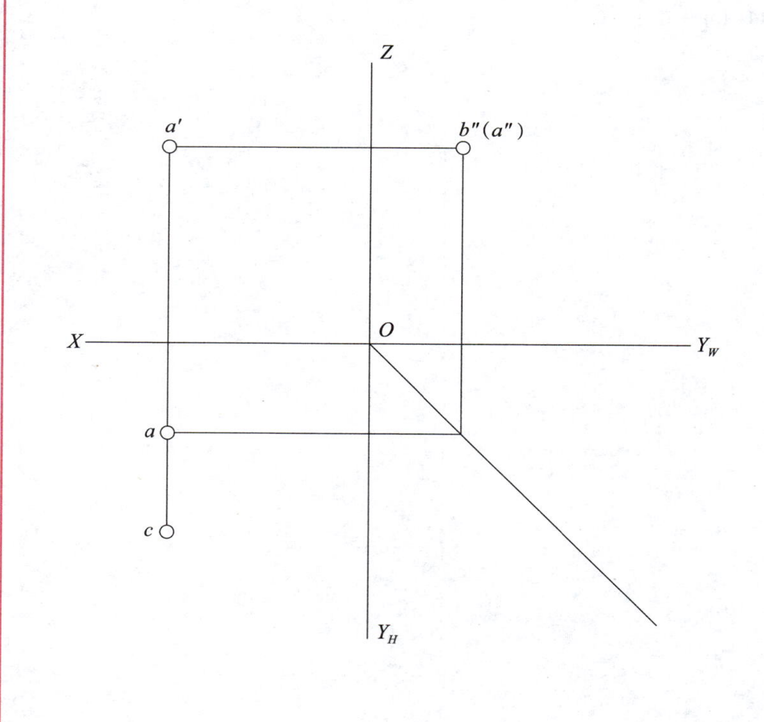

(4) 比较三点 A、B、C 的相对位置。

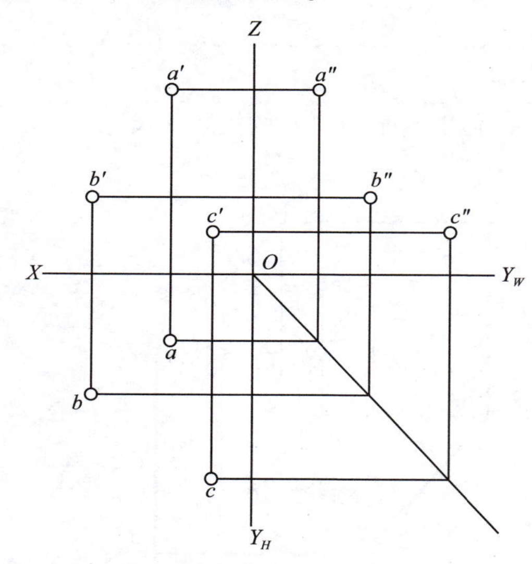

B 点在 A 点：（上、下）________ mm；
（左、右）________ mm；
（前、后）________ mm。

B 点在 C 点：（上、下）________ mm；
（左、右）________ mm；
（前、后）________ mm。

C 点在 A 点：（上、下）________ mm；
（左、右）________ mm；
（前、后）________ mm。

姓名： 班级： 学号：

2.2　直线的投影

（1）判断下列各直线是何种位置直线。

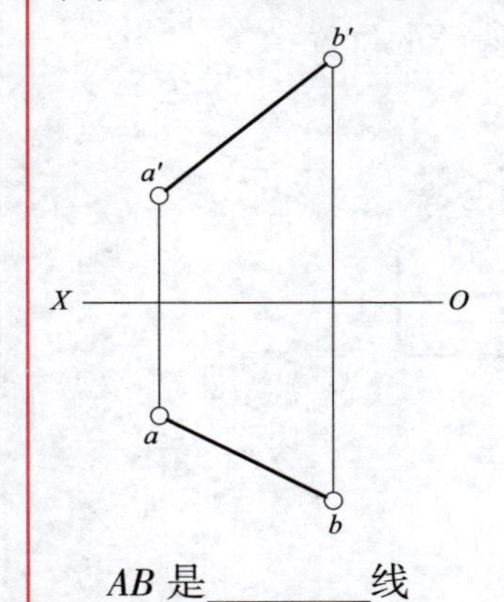

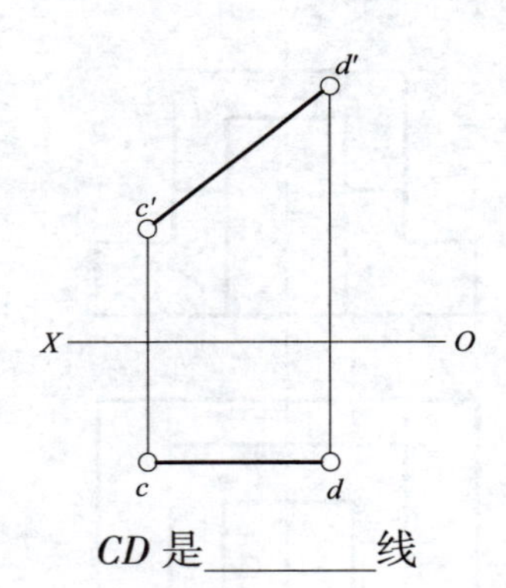

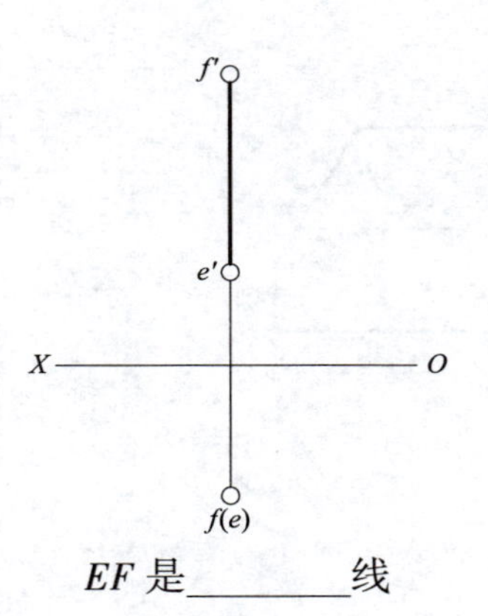

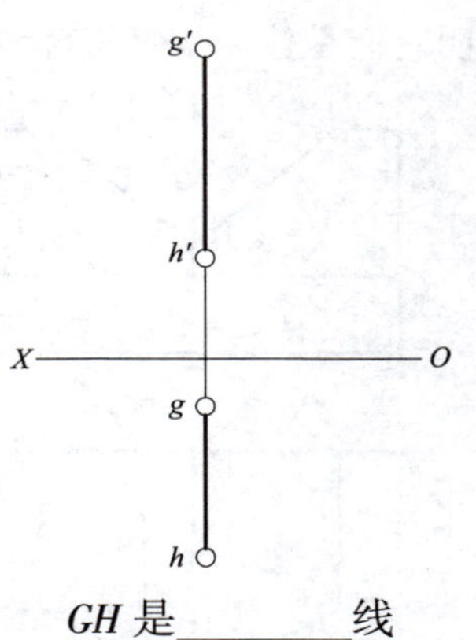

AB 是________线　　*CD* 是________线　　*EF* 是________线　　*GH* 是________线

（2）已知直线的两面投影，求其第三面投影，并说明它们是什么位置的直线。

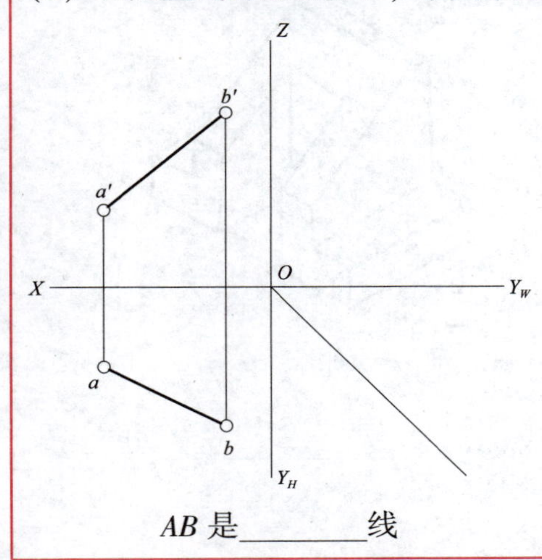

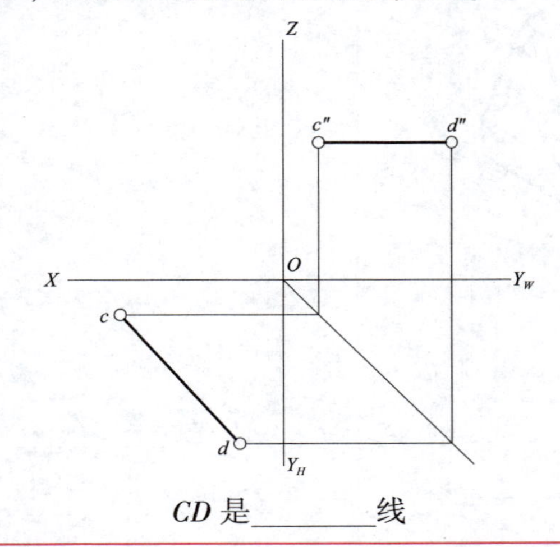

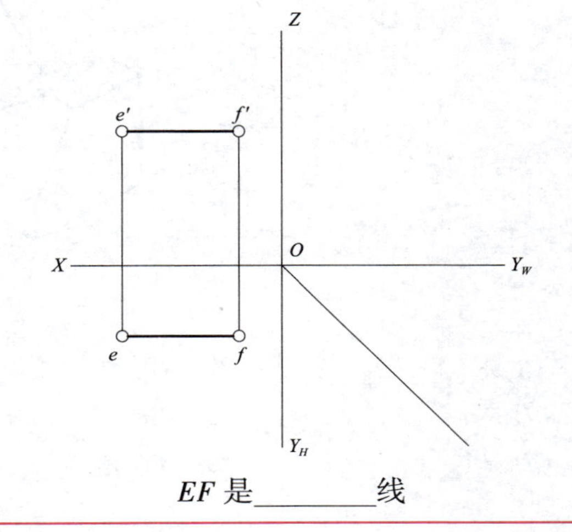

AB 是________线　　*CD* 是________线　　*EF* 是________线

2.2 直线的投影

(3) 在三投影图中标出立体图上所示各直线的三面投影，并说明它们是什么位置的直线。

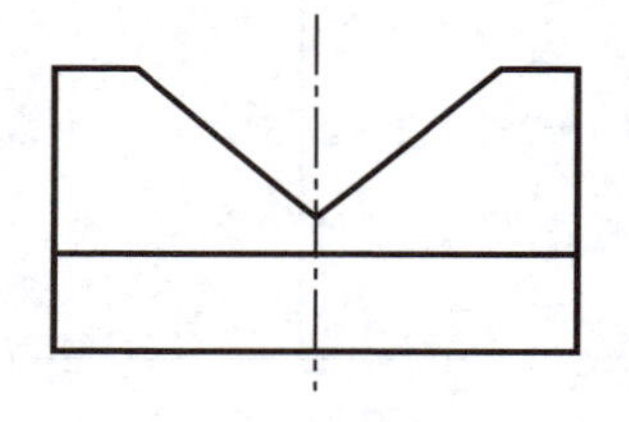

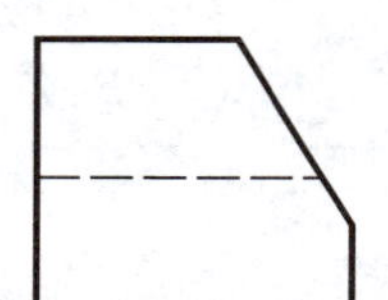

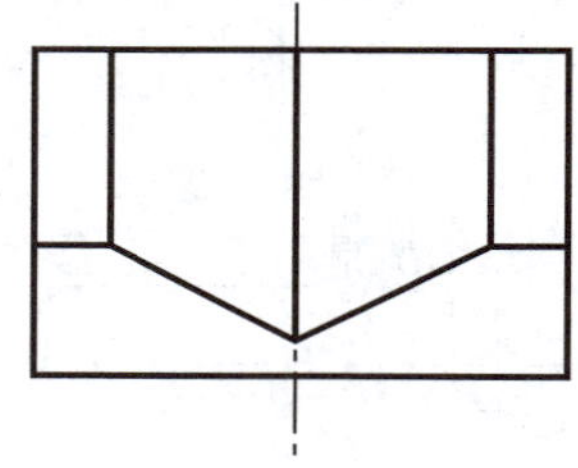

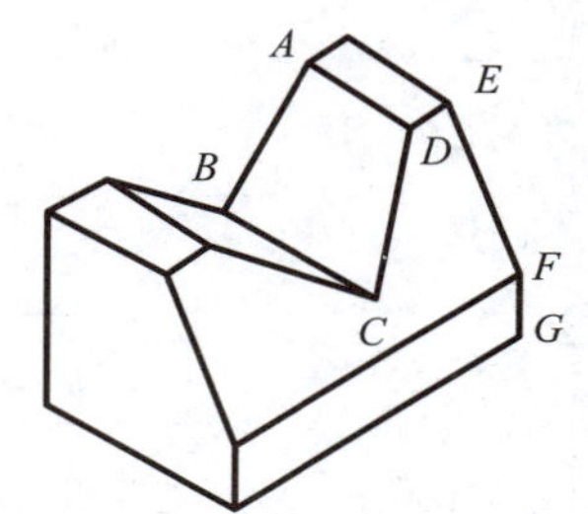

AB 是__________线 *DE* 是__________线

BC 是__________线 *EF* 是__________线

CD 是__________线 *FG* 是__________线

(4) 已知直线 *AB* 和 *CD* 的两面投影，求其第三面投影，说明它们是什么位置的直线，并在立体图中标出各直线的位置。

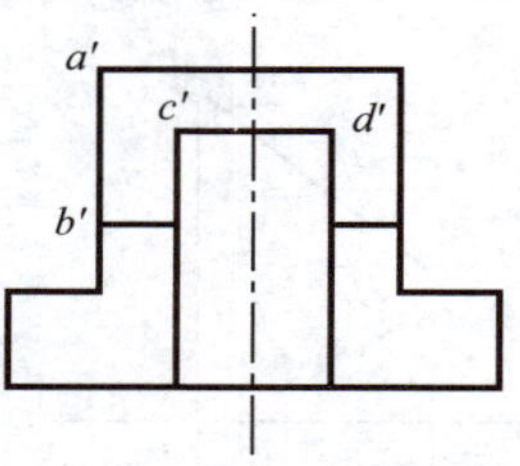

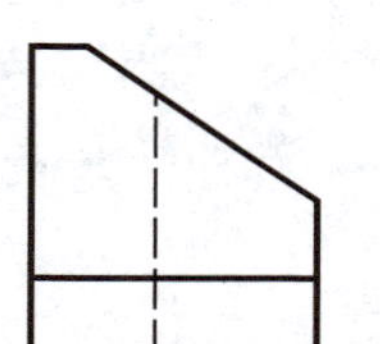

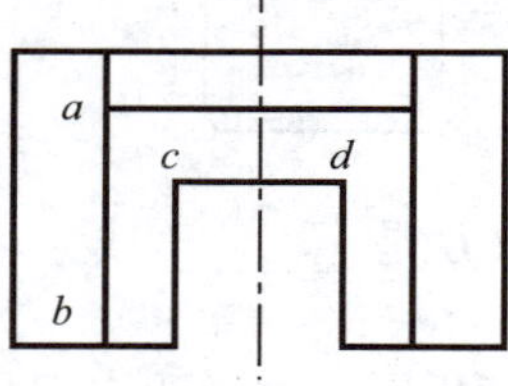

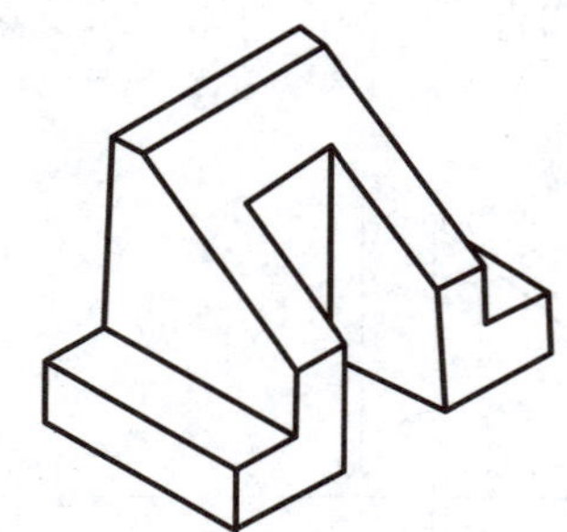

AB 是__________线 *CD* 是__________线

姓名： 班级： 学号：

2.2　直线的投影

(5) 已知直线 AB 端点 A 的两投影，AB 长 20 mm，且垂直于 V 面，求 AB 的三面投影。

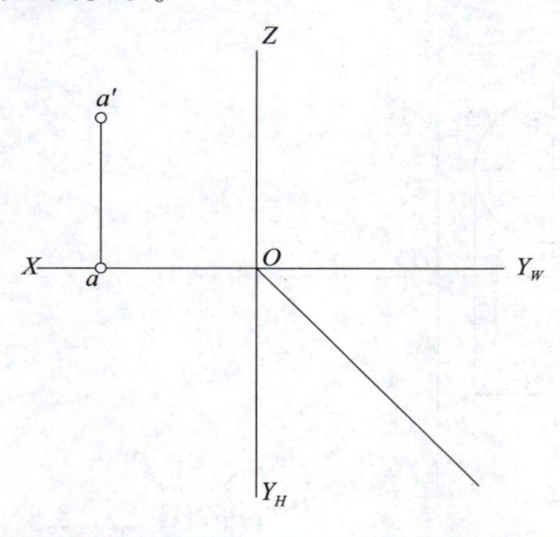

(6) 已知直线 $CD // V$ 面，点 C、D 离 H 面分别为 5 mm 和 15 mm，求 CD 的三面投影。

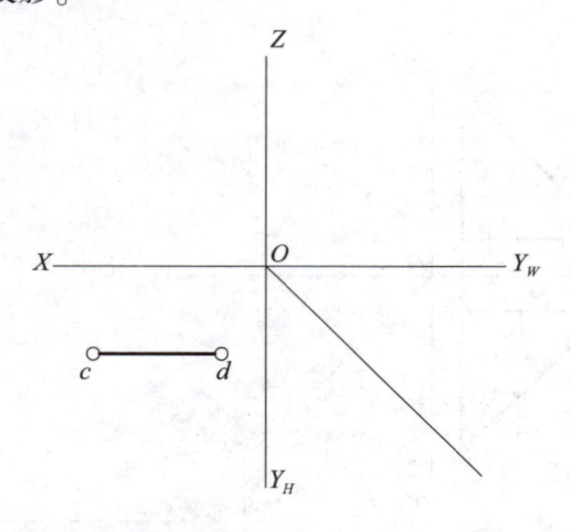

(7) 已知直线 EF 为水平线，EF 长 20 mm，$\beta = 30°$，作出 EF 的三面投影。(只需给出一个解答)

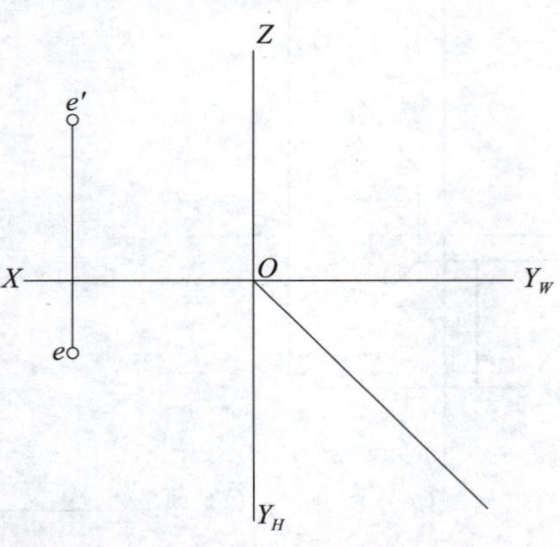

(8) 已知直线 GH，在其上求一点 K，使 $GK : KH = 2 : 3$。

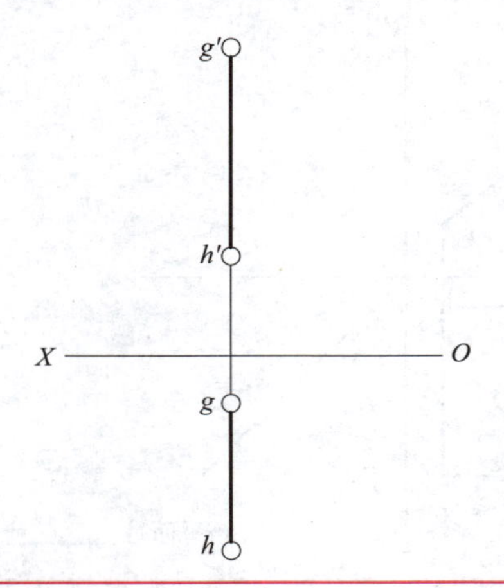

2.3 平面的投影

(1) 已知平面的两面投影，求其第三面投影，并说明它们是什么位置的平面。

①

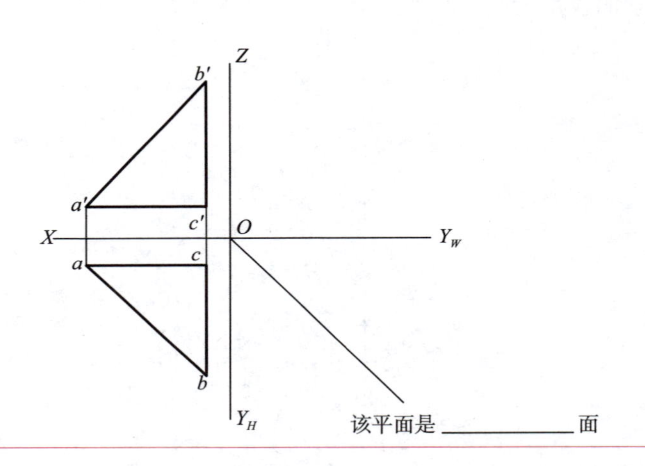

该平面是 ________ 面

②

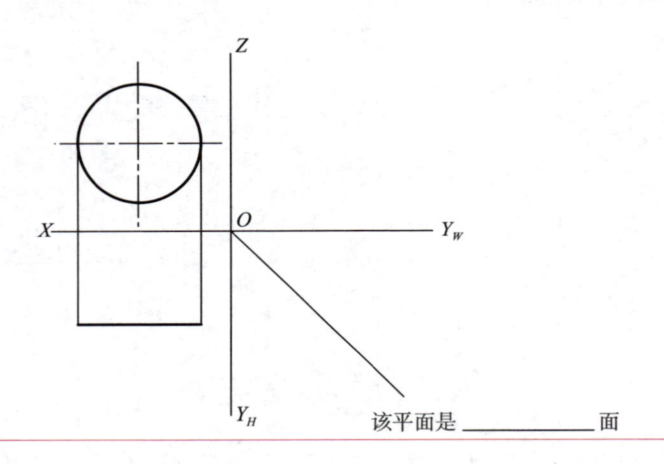

该平面是 ________ 面

③

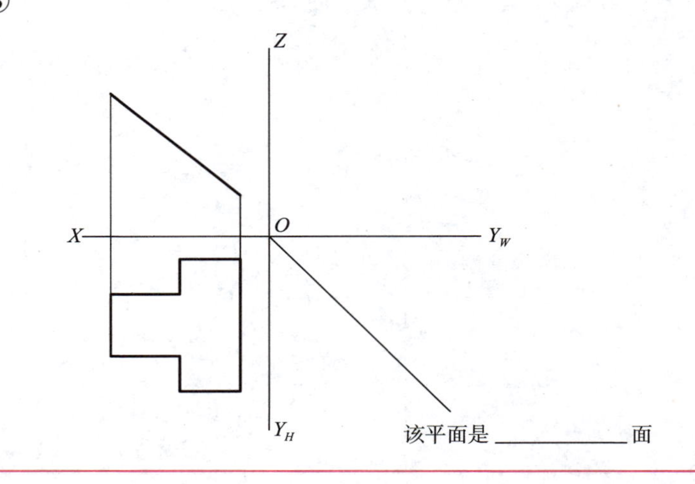

该平面是 ________ 面

④

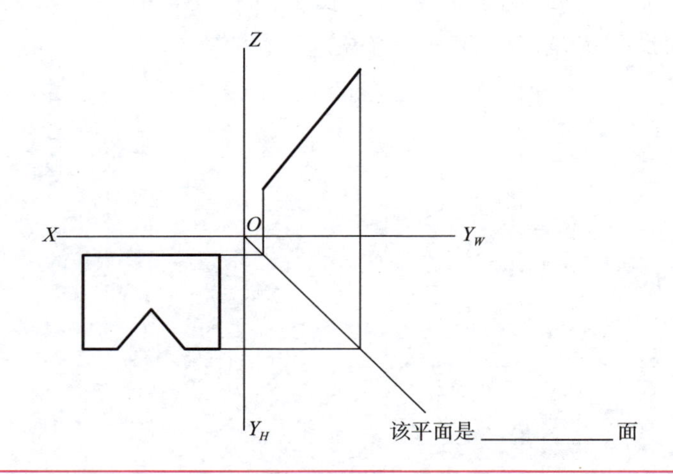

该平面是 ________ 面

姓名：　　班级：　　学号：

2.3　平面的投影

(2) 在三面投影中标出立体图中所示各平面的三面投影，并说明它们是什么位置的平面。

①

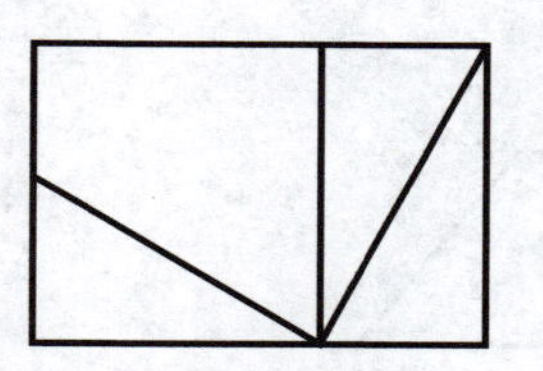

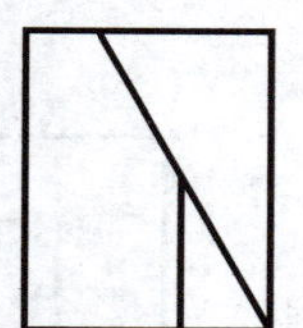

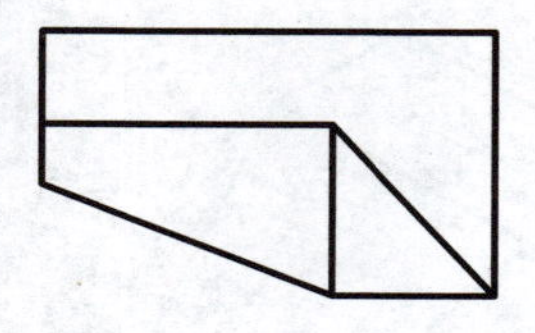

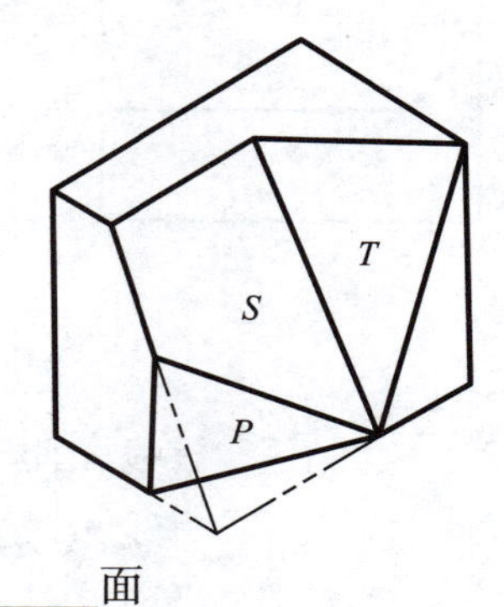

平面 P 是________面

平面 S 是________面

平面 T 是________面

②

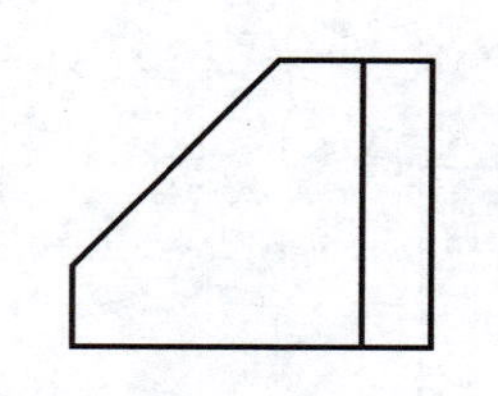

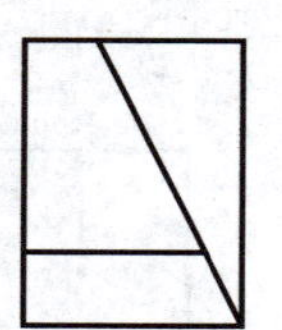

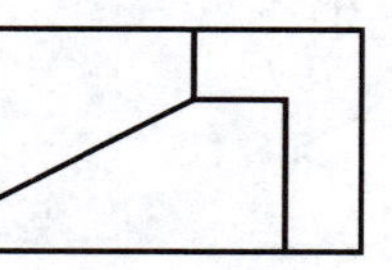

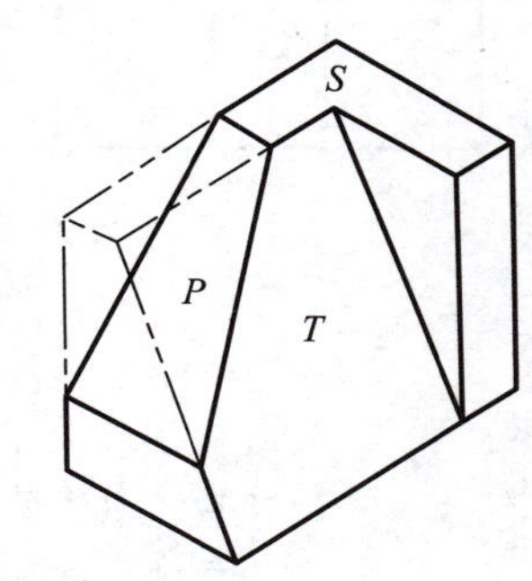

平面 P 是________面

平面 S 是________面

平面 T 是________面

2.3 平面的投影

（3）在三面投影中标出立体图中所示各平面、直线的三面投影，并说明它们是什么位置的平面、直线。

①

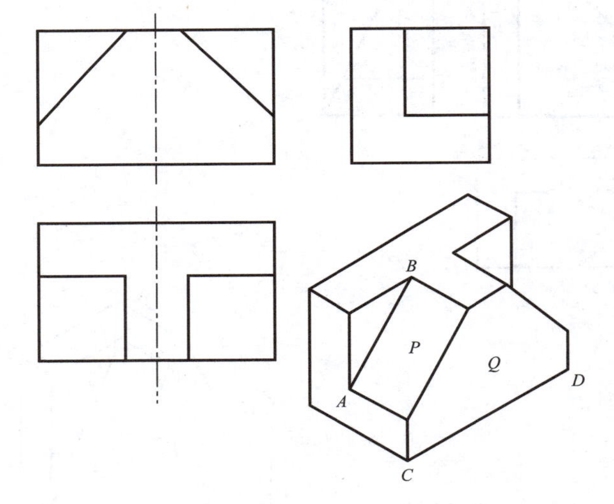

直线 *AB* 是________线

直线 *CD* 是________线

平面 *P* 是________面

平面 *Q* 是________面

②

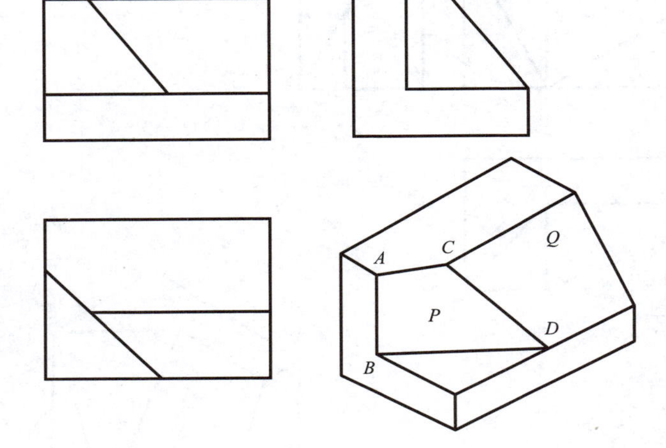

直线 *AB* 是________线

直线 *AC* 是________线

平面 *P* 是________面

平面 *Q* 是________面

姓名：　　班级：　　学号：

第 3 章　立体及立体表面的交线

3.1　立体的投影

（1）作出平面立体的侧面投影，以及表面上点 A、B 的另外两投影。

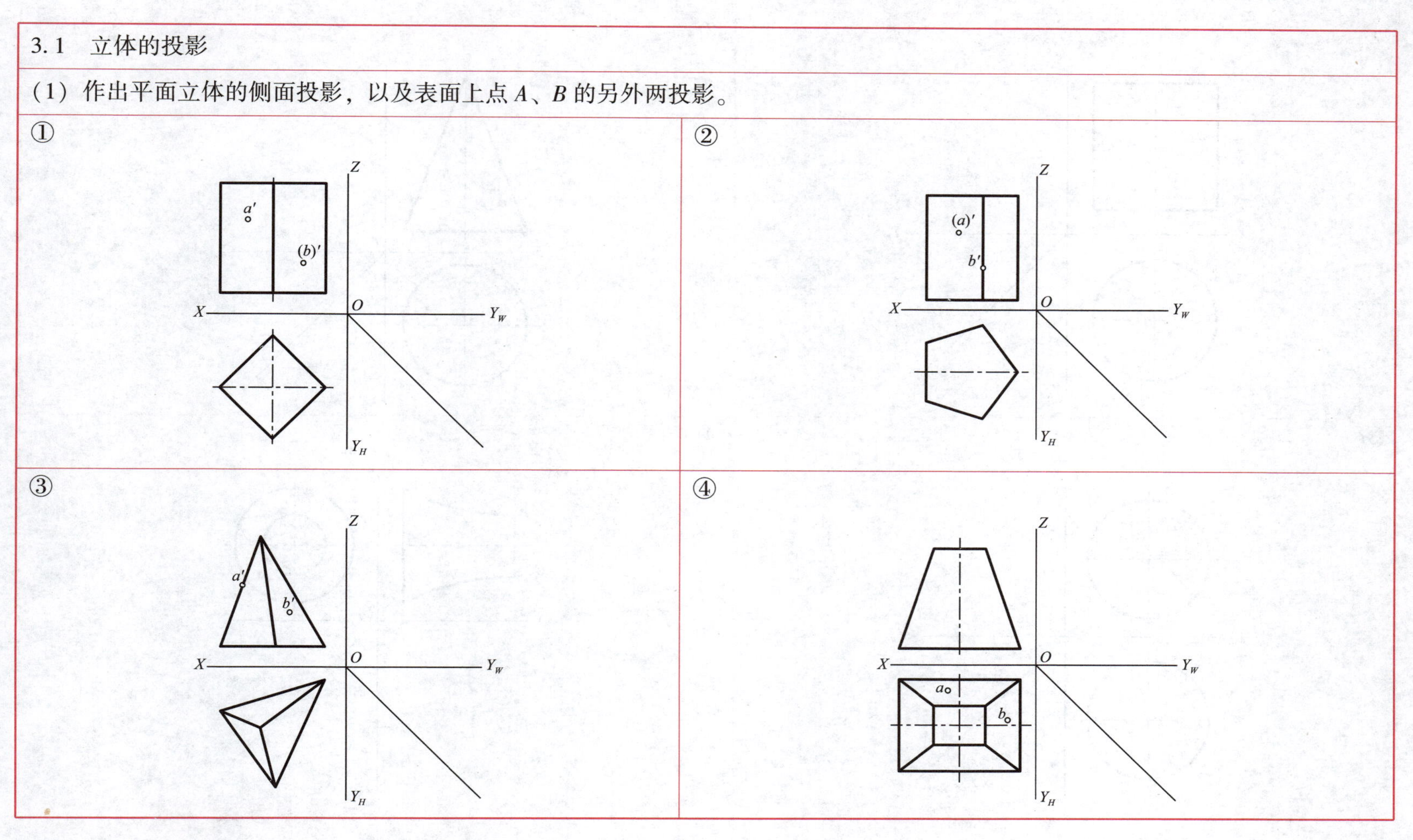

3.1 立体的投影

（2）作出曲面立体的侧面投影，以及表面上点 A、B 的另外两投影。

①

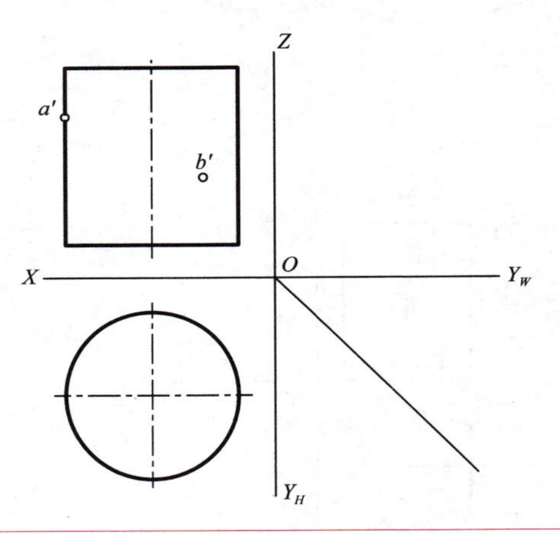

②

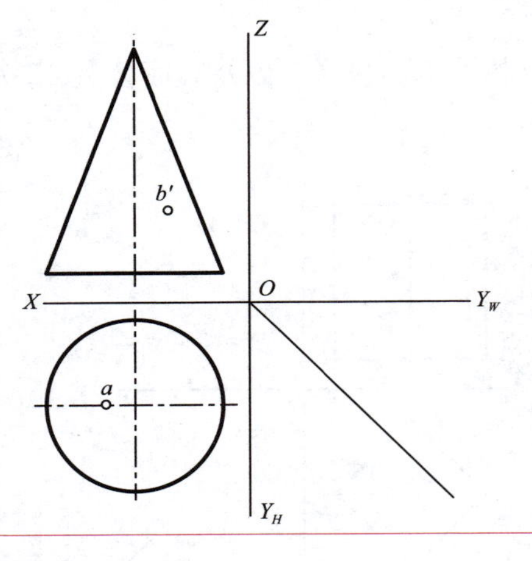

③

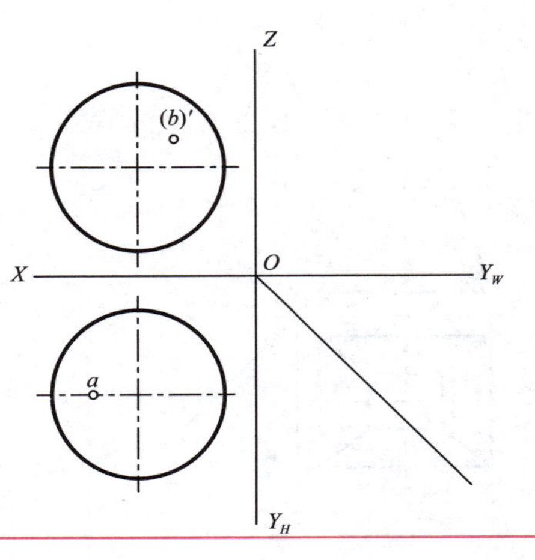

④

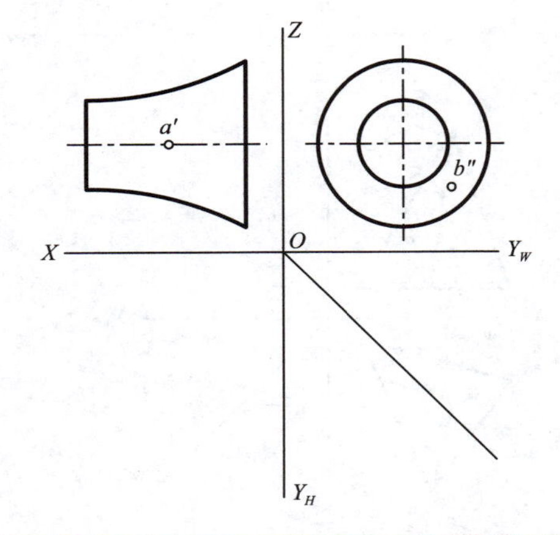

姓名：　　班级：　　学号：

3.2 平面与平面立体相交

（1）完成六棱柱被截切后的水平投影和侧面投影。

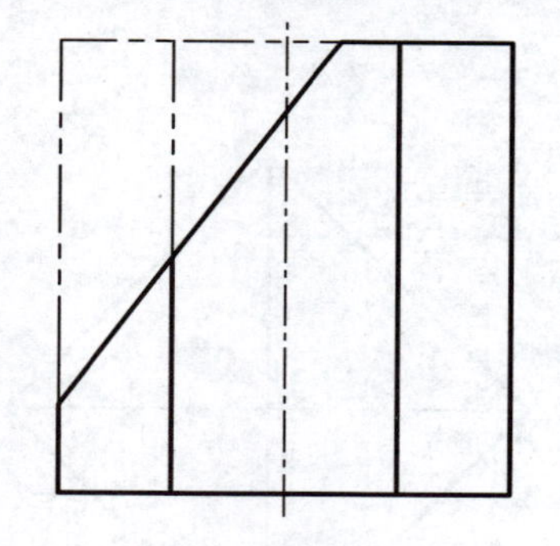

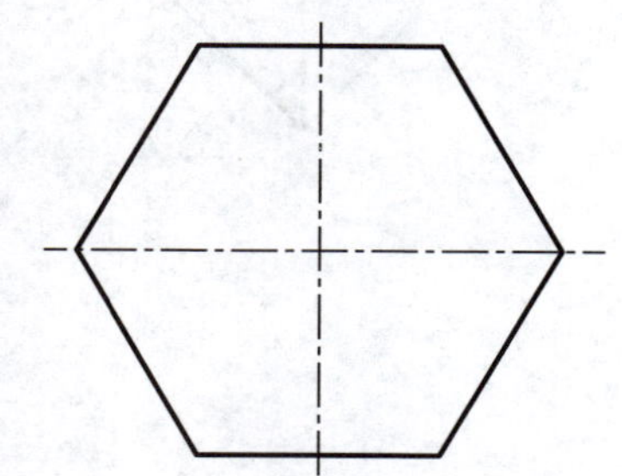

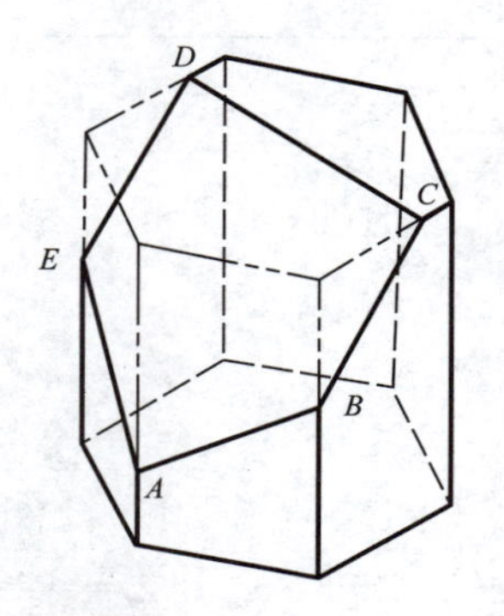

（2）完成五棱柱被截切后的水平投影和侧面投影。

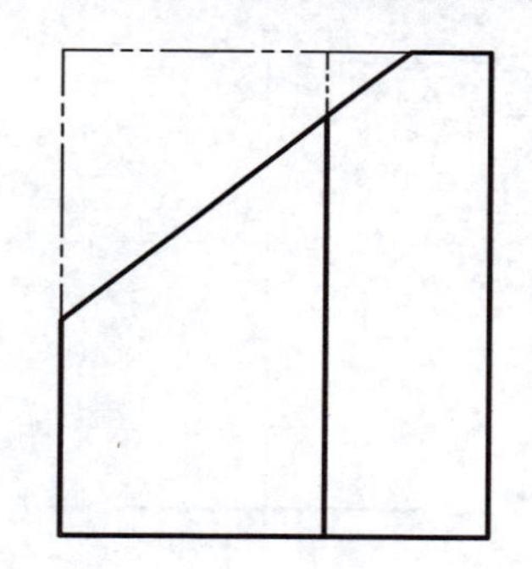

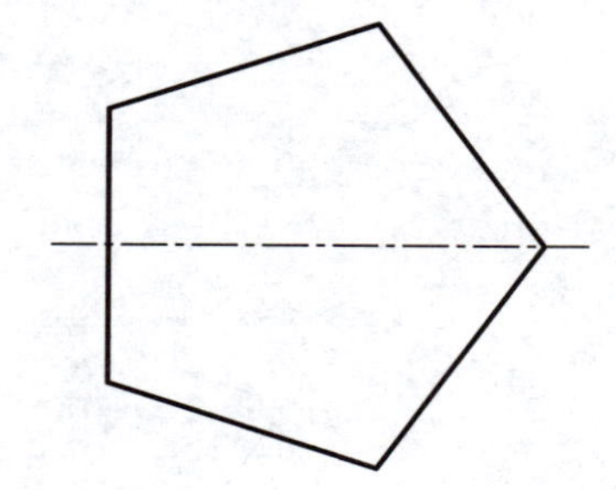

三维模型

3.2 平面与平面立体相交

（3）完成四棱锥被截切后的水平投影和侧面投影。

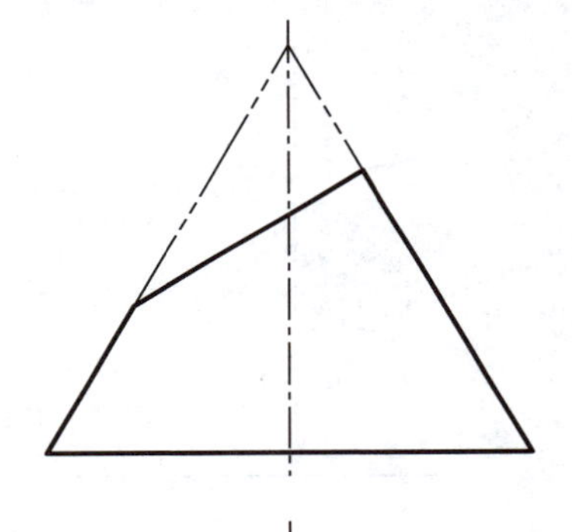

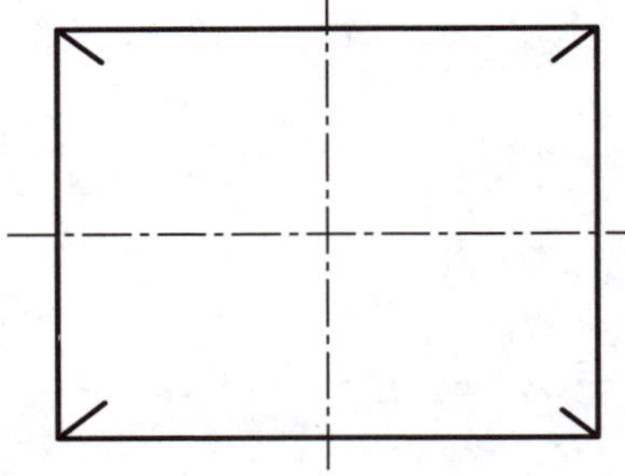

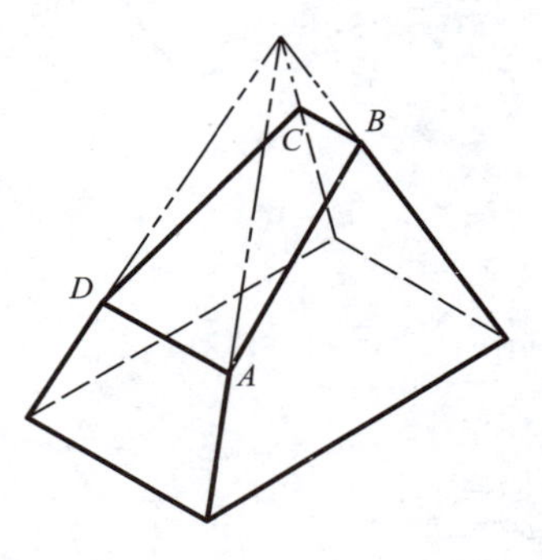

（4）完成四棱锥被截切后的水平投影和侧面投影。

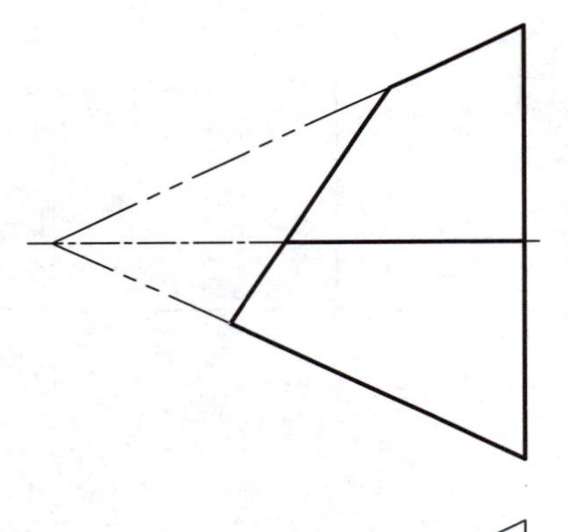

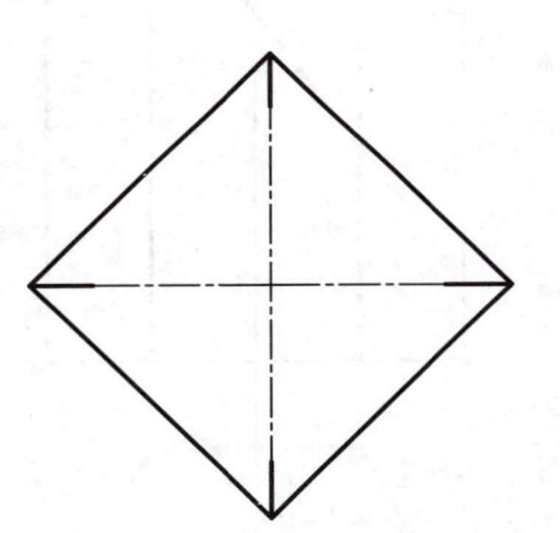

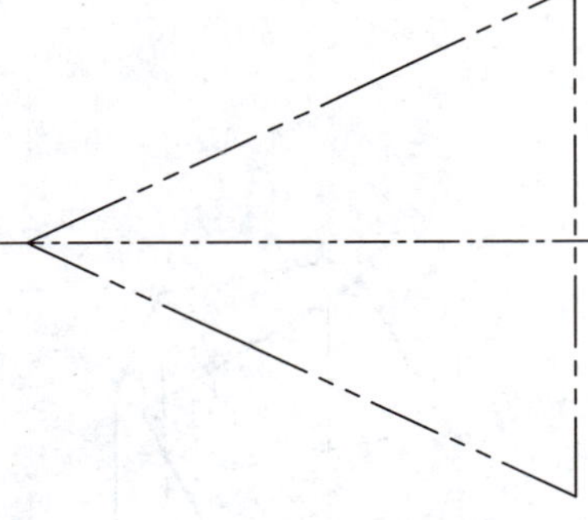

三维模型

姓名：　　班级：　　学号：

3.3　平面与曲面立体相交

（1）完成圆柱被截切后的水平投影和侧面投影。

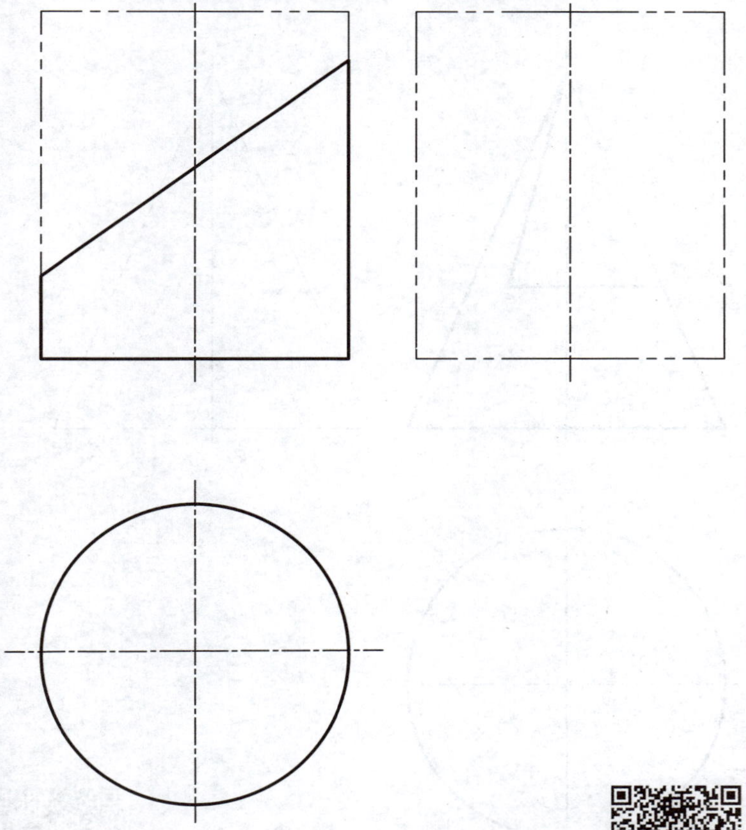

三维模型

（2）完成圆柱被截切后的水平投影和侧面投影。

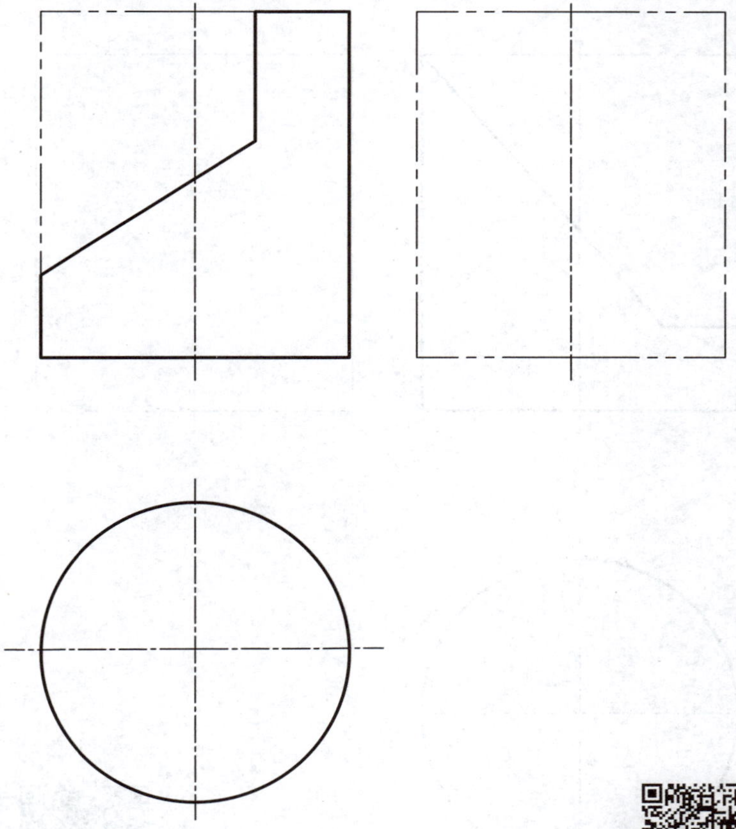

三维模型

姓名：　　　　班级：　　　　学号：

3.3 平面与曲面立体相交

(3) 完成圆柱被截切后的水平投影和侧面投影。

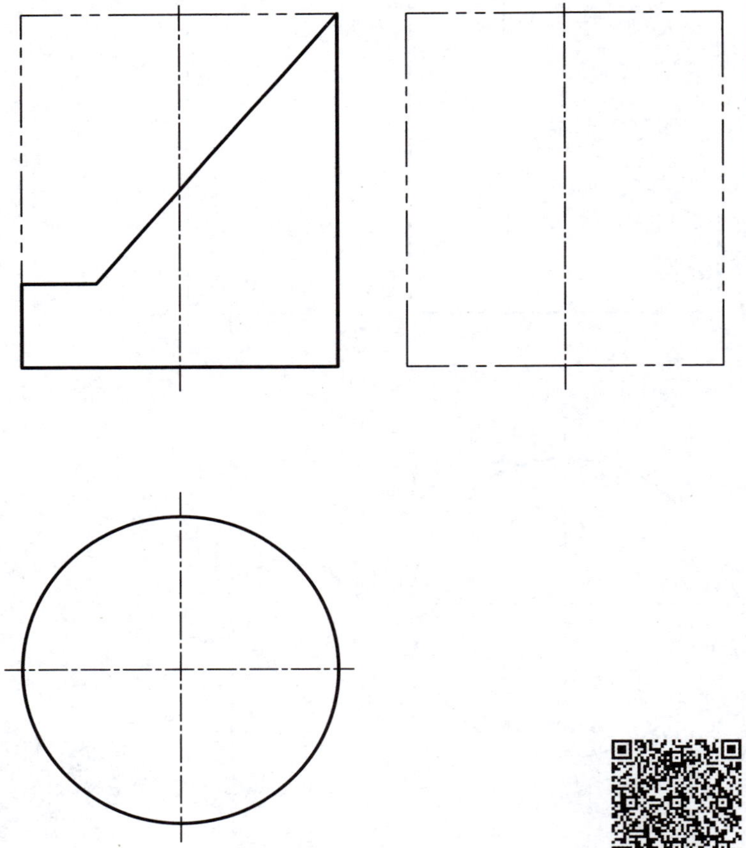

三维模型

(4) 完成圆锥被截切后的水平投影和侧面投影。

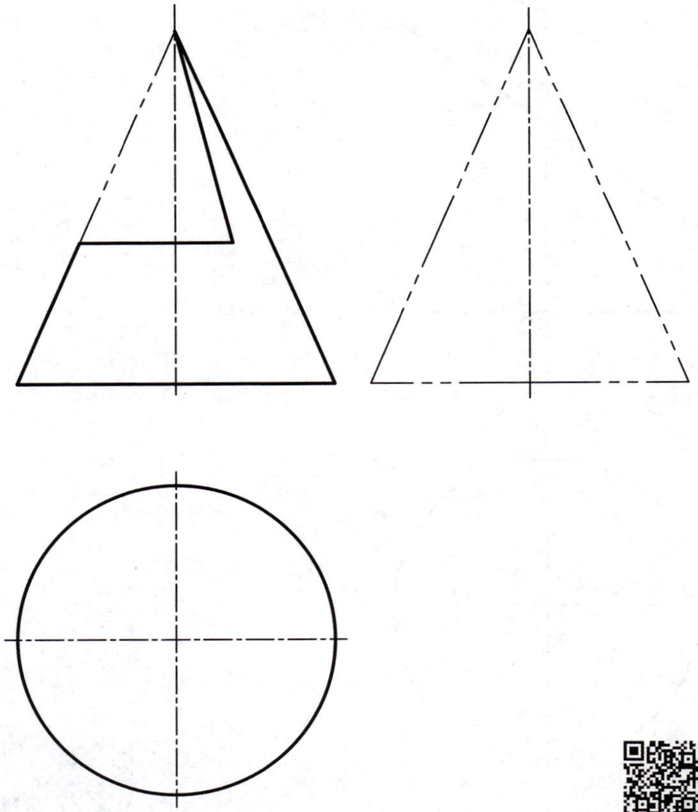

三维模型

姓名： 班级： 学号：

3.3　平面与曲面立体相交

（5）完成圆锥被截切后的水平投影和侧面投影。

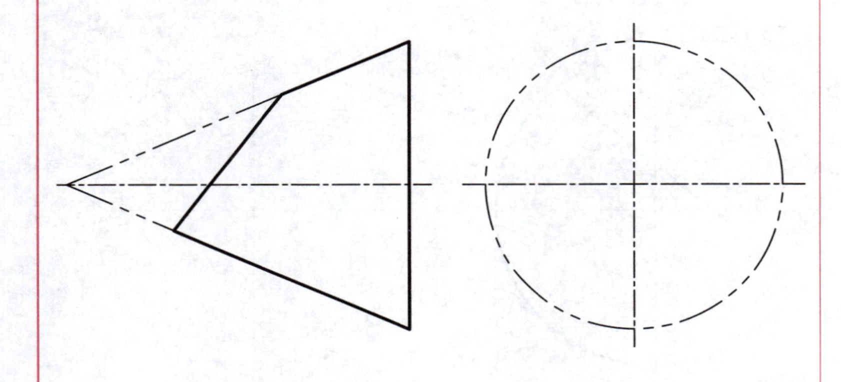

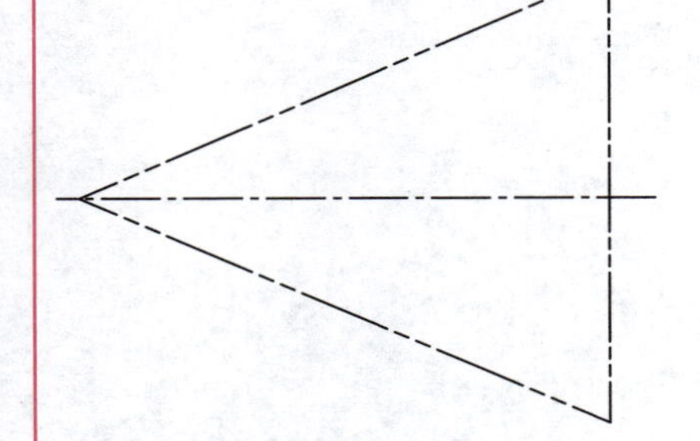

三维模型

（6）完成圆锥被截切后的水平投影和侧面投影。

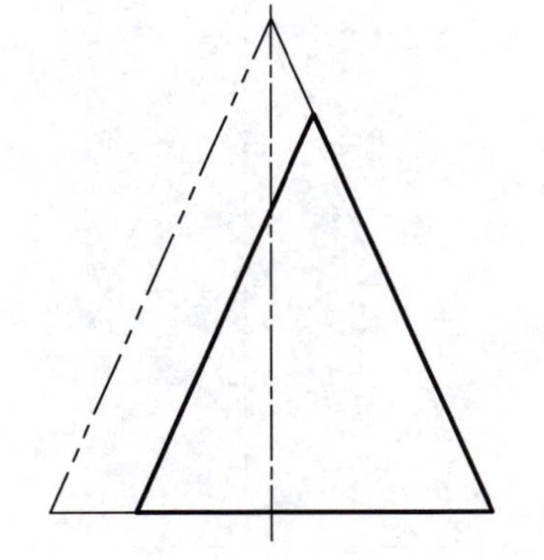

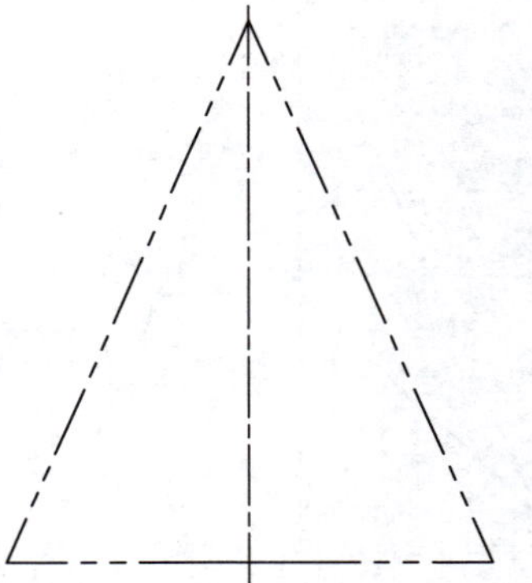

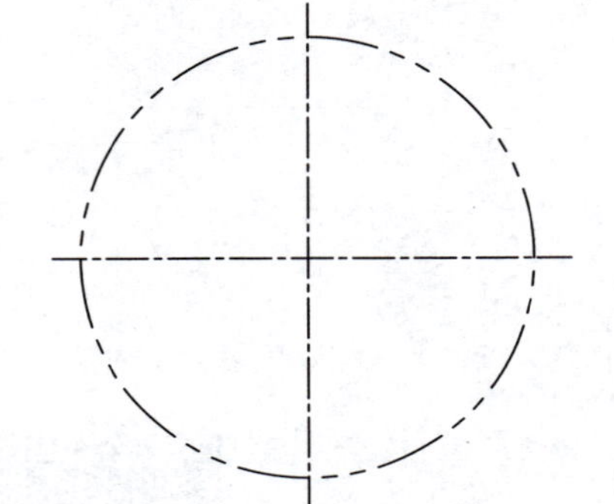

三维模型

姓名：　　　　班级：　　　　学号：

3.3 平面与曲面立体相交

（7）完成圆锥被截切后的水平投影和侧面投影。

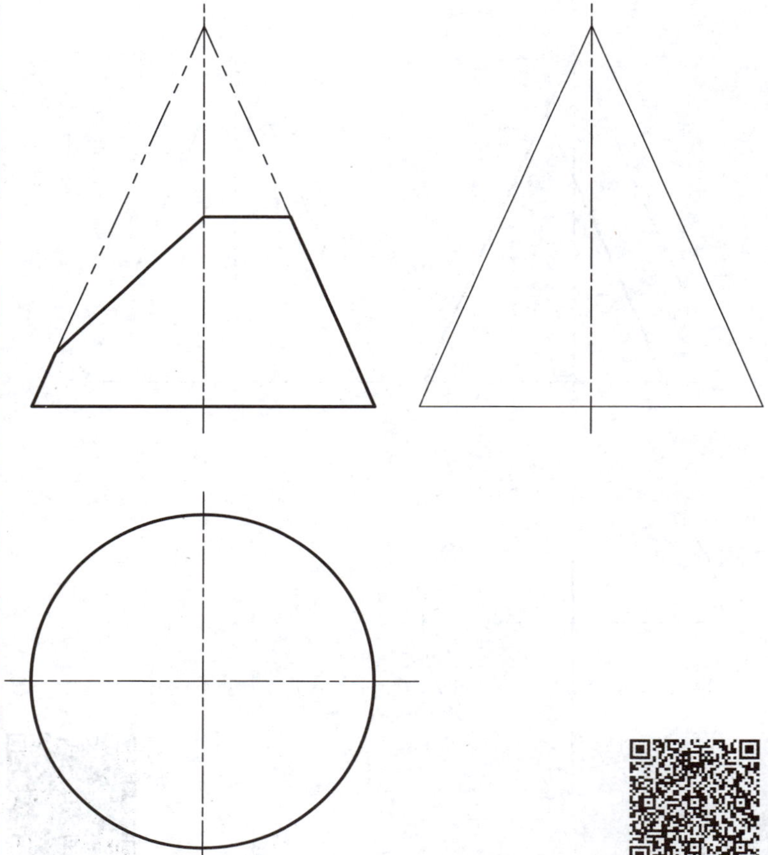

三维模型

（8）完成圆球被截切后的水平投影和侧面投影。

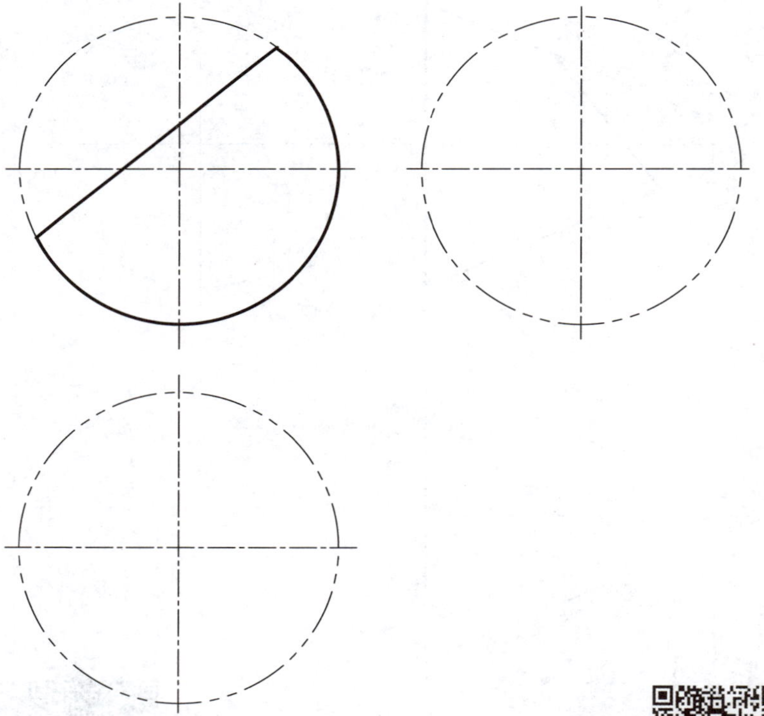

三维模型

姓名：　　班级：　　学号：

3.3　平面与曲面立体相交

(9) 完成圆球被截切后的水平投影和侧面投影。

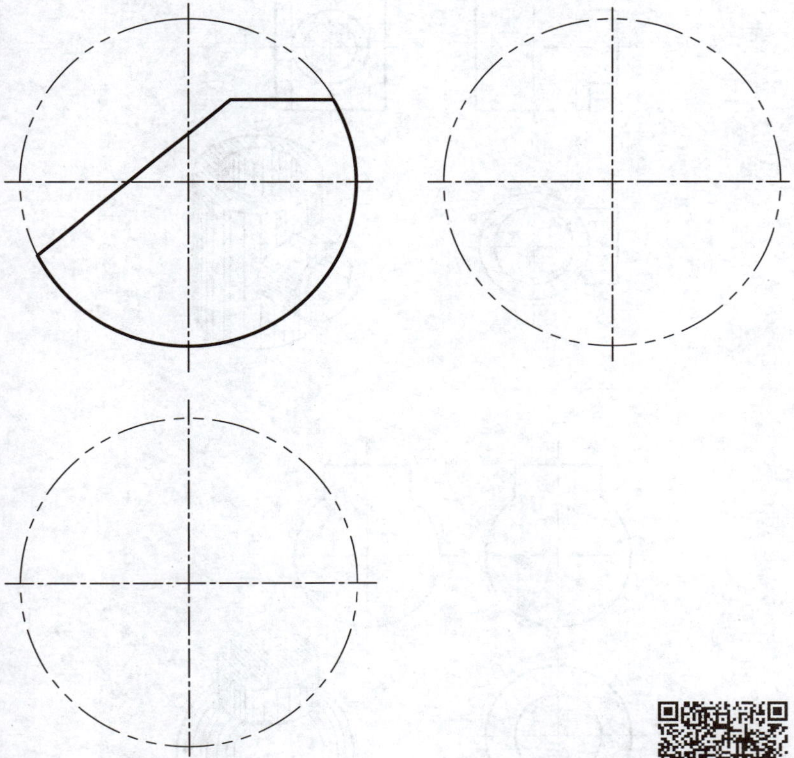

三维模型

(10) 完成半圆球被截切后的水平投影和侧面投影。

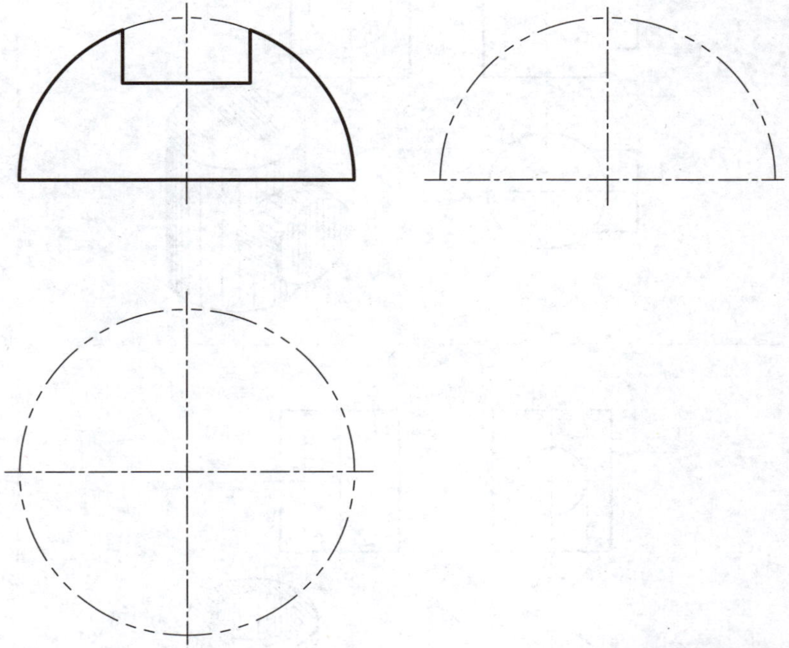

三维模型

姓名：　　班级：　　学号：

3.4 两立体相交

(1) 完成下列各相贯立体的投影。

①

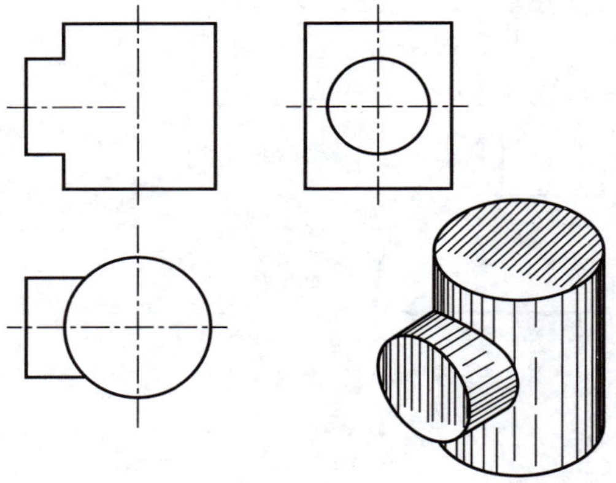

②

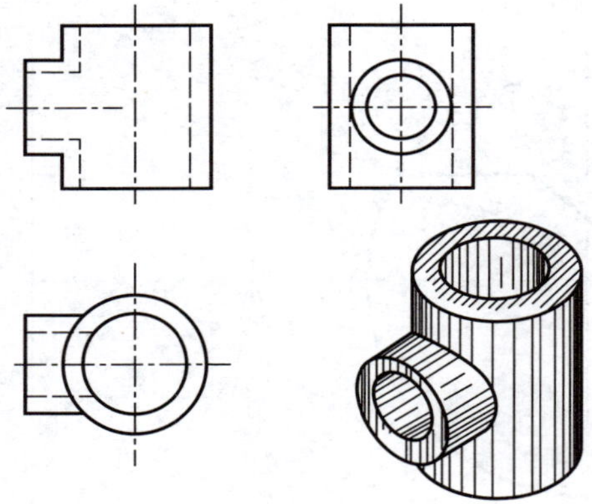

③

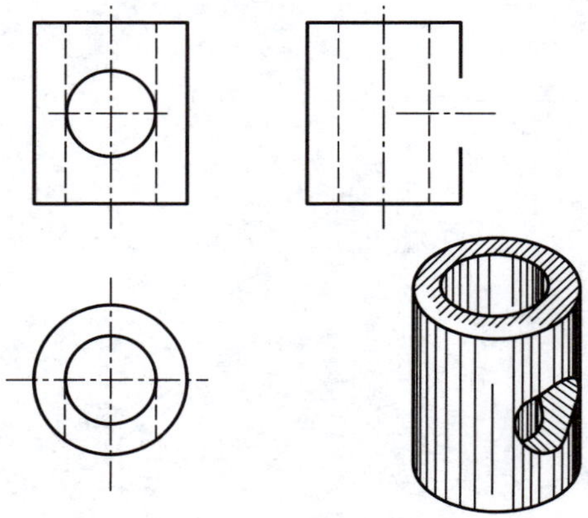

④

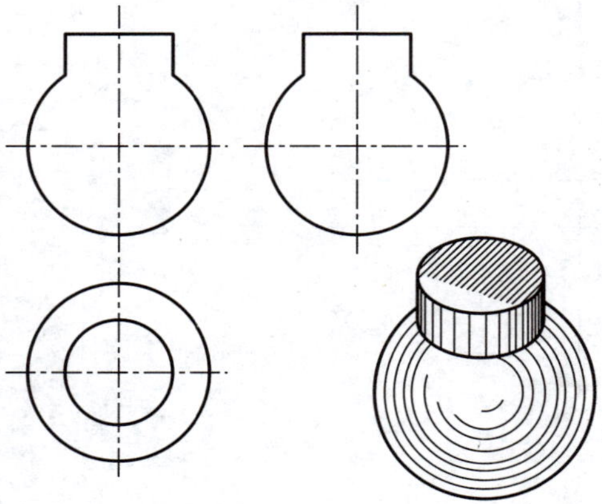

姓名：　　班级：　　学号：

3.4　两立体相交

（2）完成下列各相贯立体的投影。

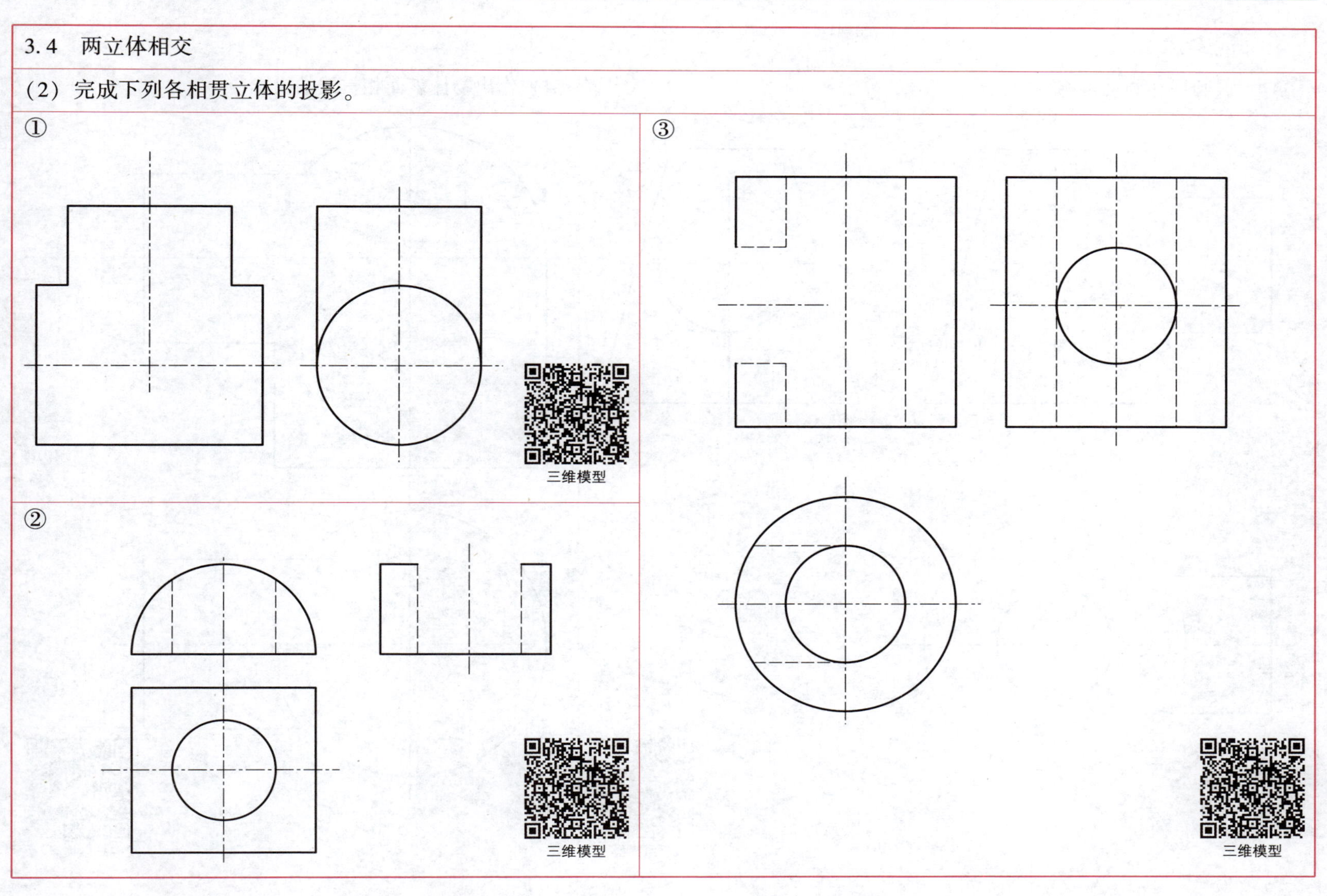

姓名：　　　班级：　　　学号：

3.4　两立体相交

（3）完成圆柱与圆锥台相贯的投影。

（4）作出物体表面相贯线的投影。

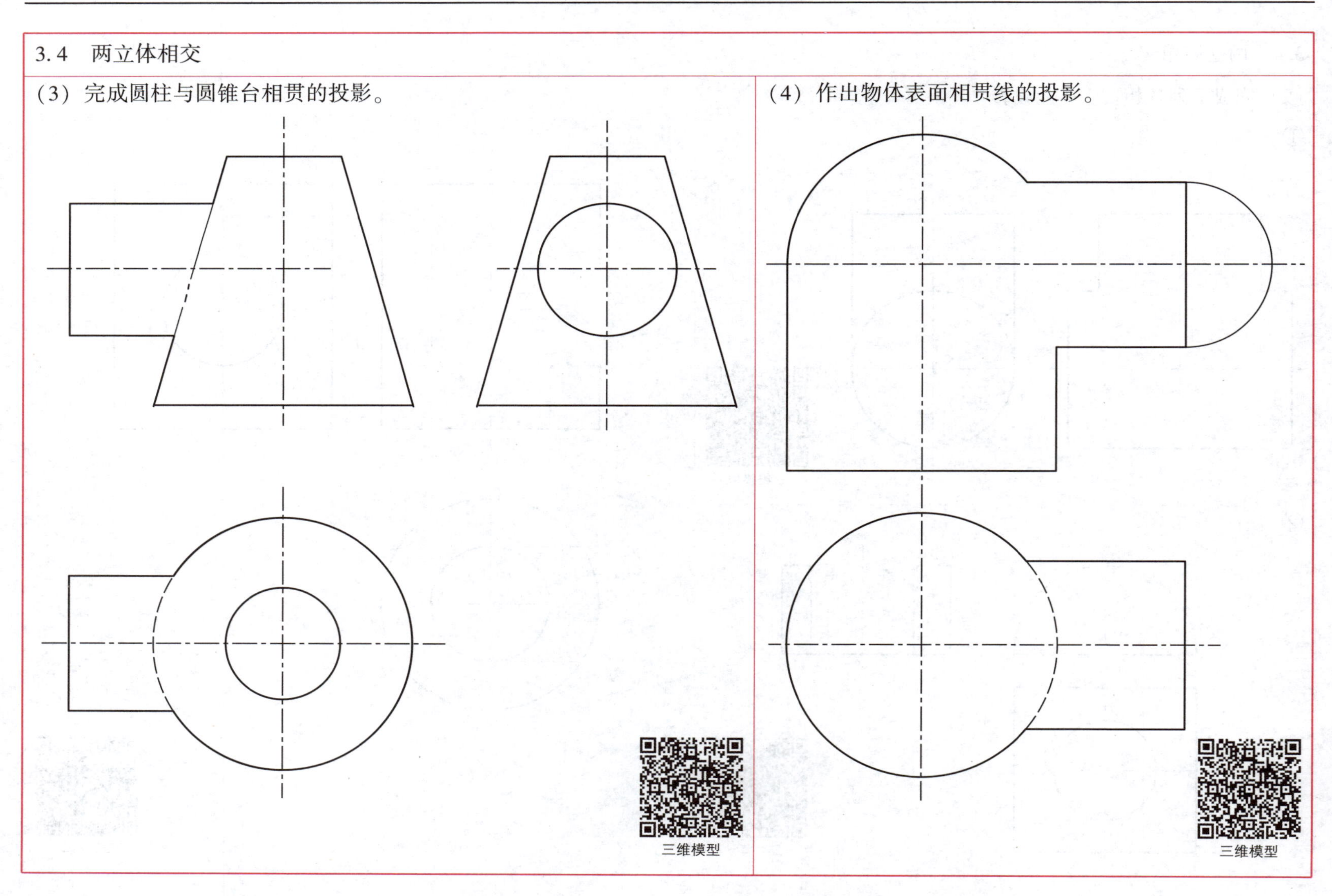

姓名：　　　　班级：　　　　学号：

第 4 章 组合体视图

4.1 由轴测图画三视图

(1) 看懂下列各轴测图，在 4.1 习题 (2) 中找出所对应的三视图，并将其编号填在该轴测图旁边的圆圈内。

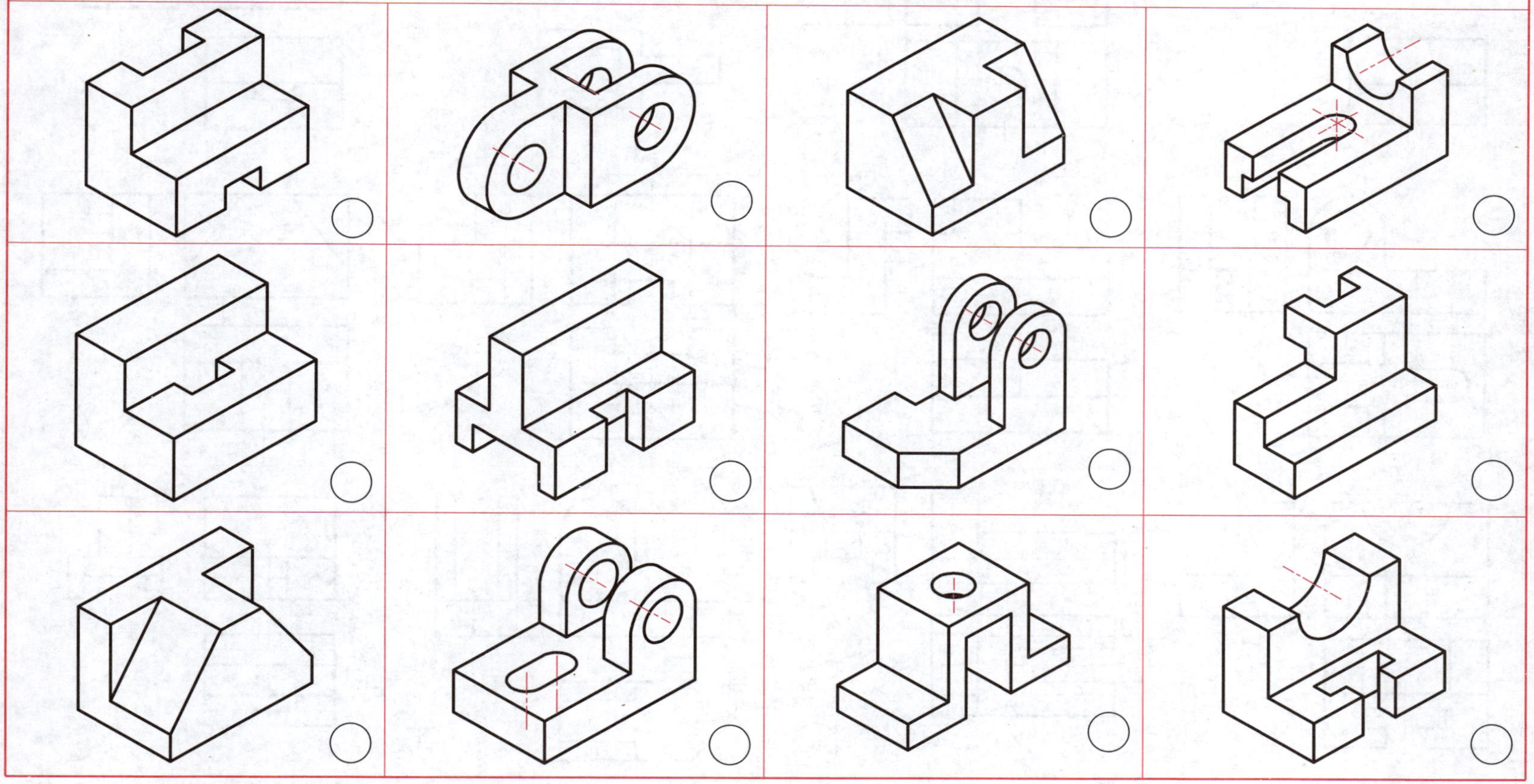

姓名： 班级： 学号：

4.1 由轴测图画三视图

(2) 根据 4.1 习题 (1) 上的轴测图，找出对应的三视图。

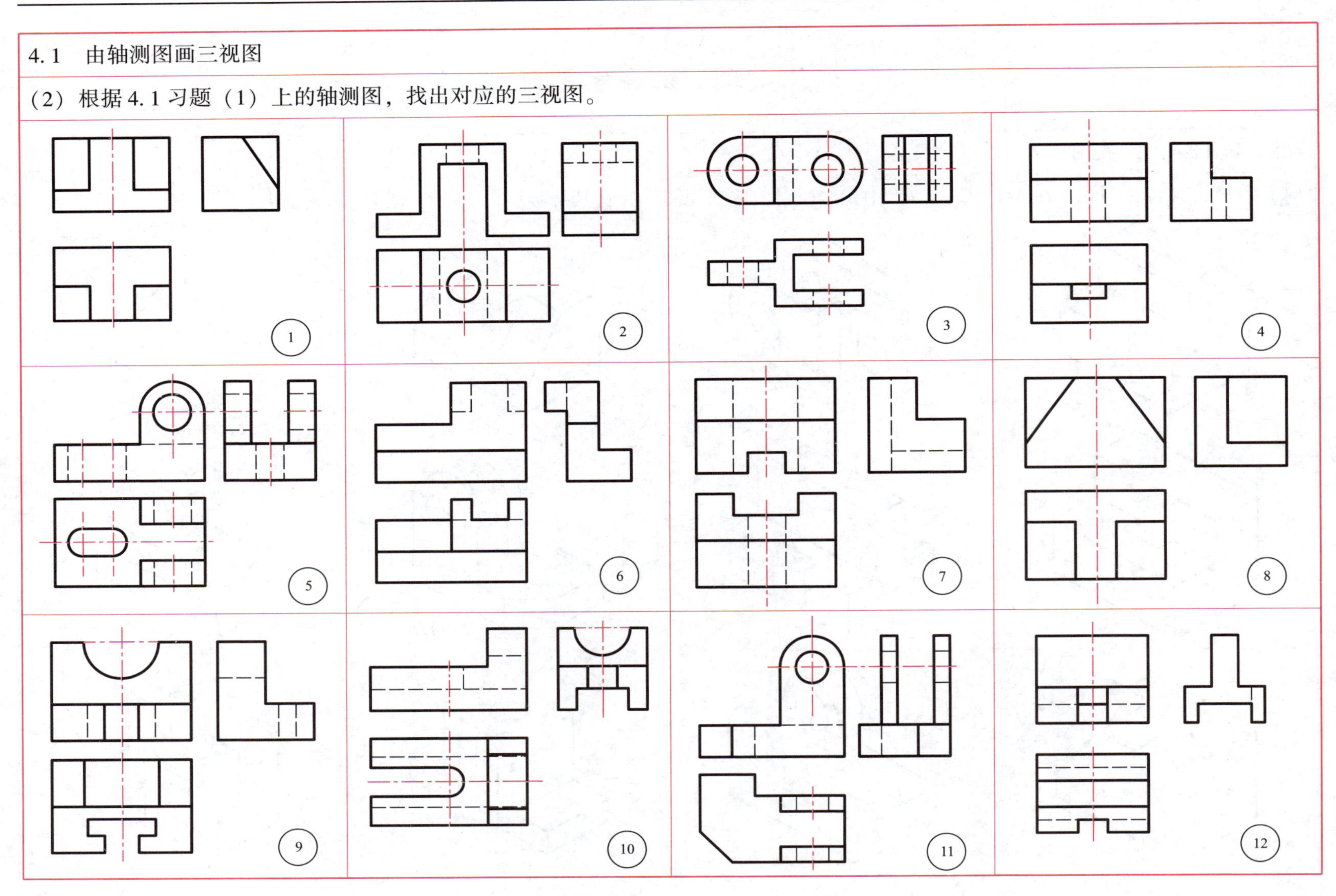

姓名：　　班级：　　学号：

4.1　由轴测图画三视图

（3）根据轴测图补齐视图中所缺的图线。

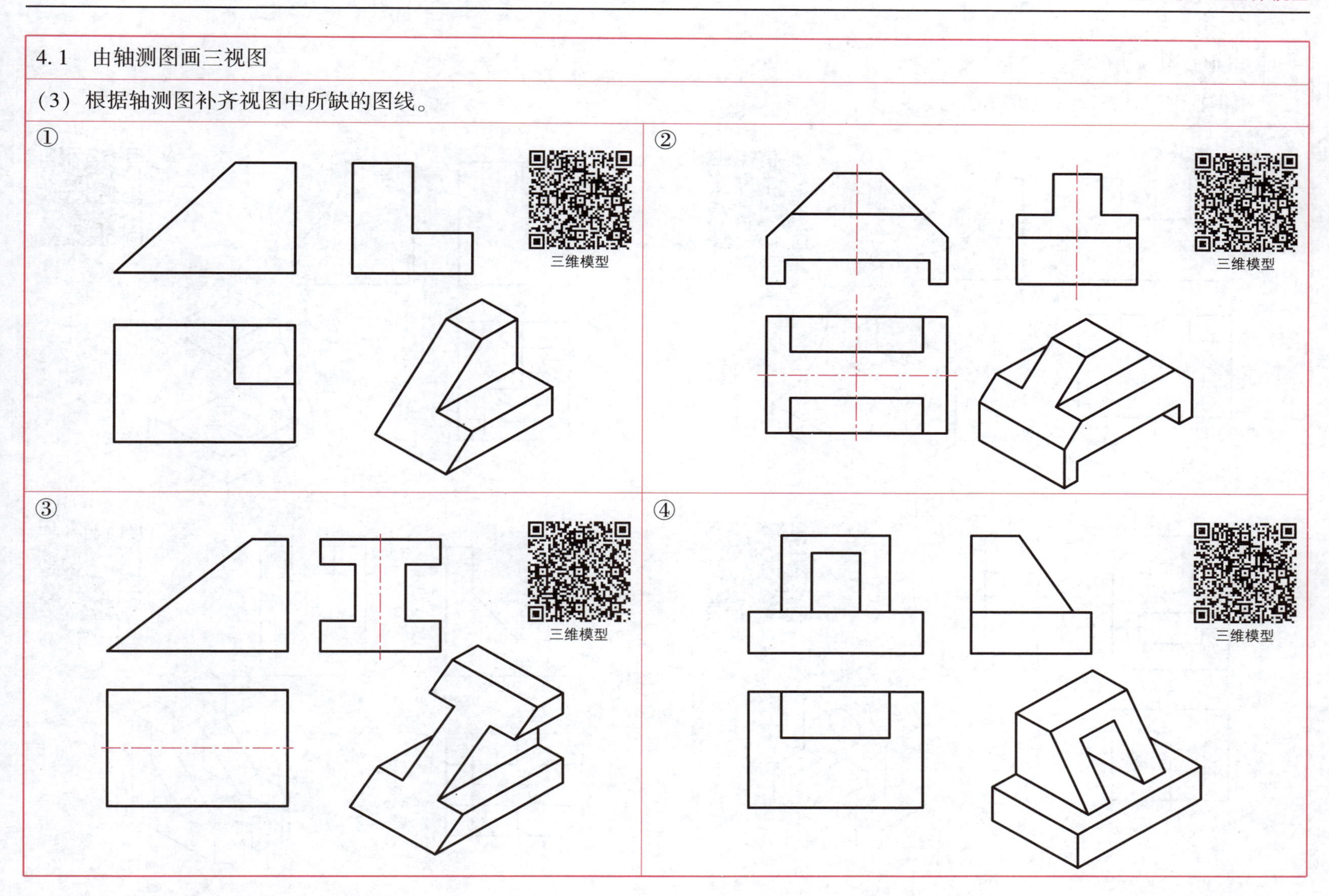

姓名：　　　　班级：　　　　学号：

4.1 由轴测图画三视图

(3) 根据轴测图补齐视图中所缺的图线。

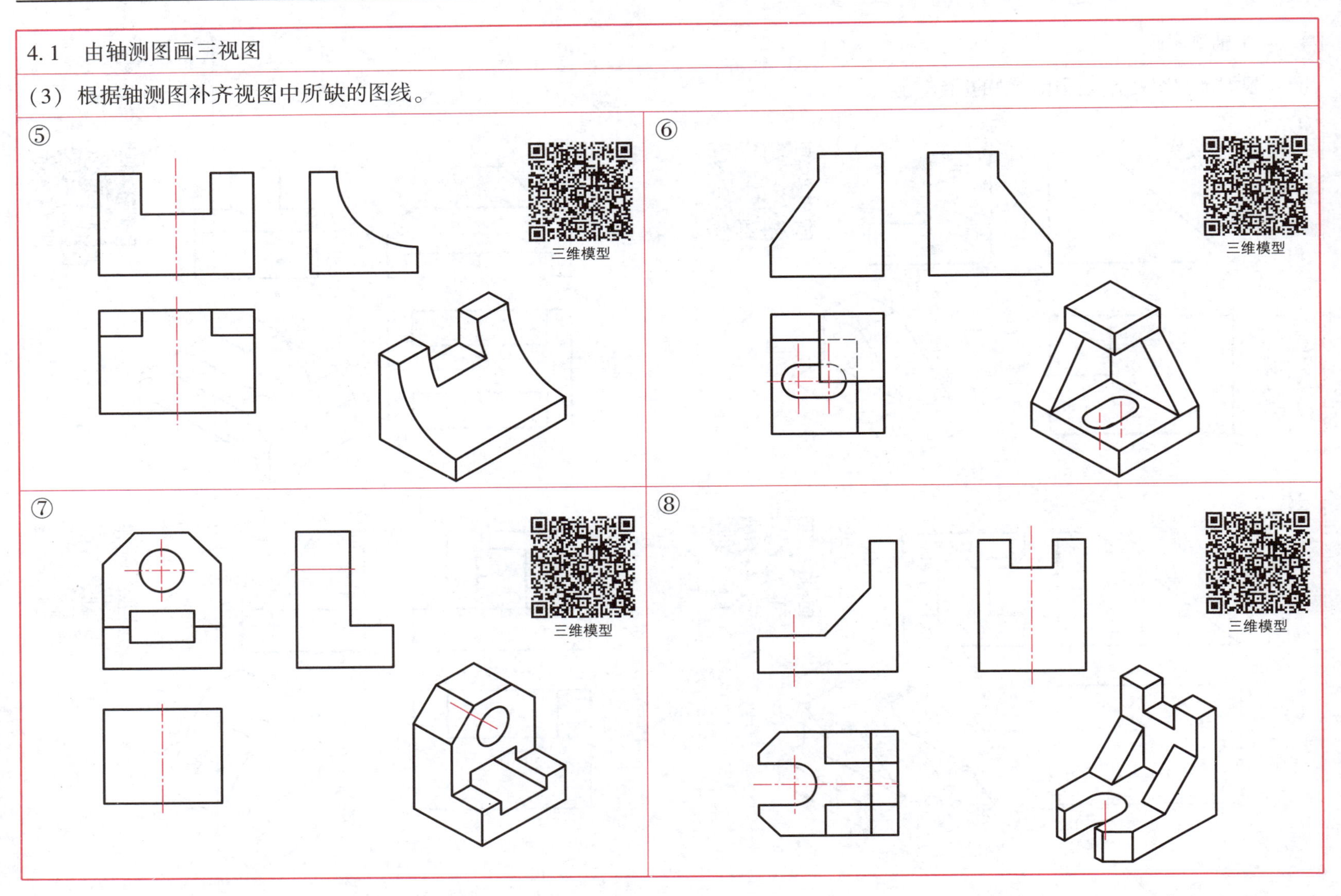

姓名：　　班级：　　学号：

4.1　由轴测图画三视图

（4）根据轴测图上的尺寸画三视图（视图上不要求标注尺寸）。

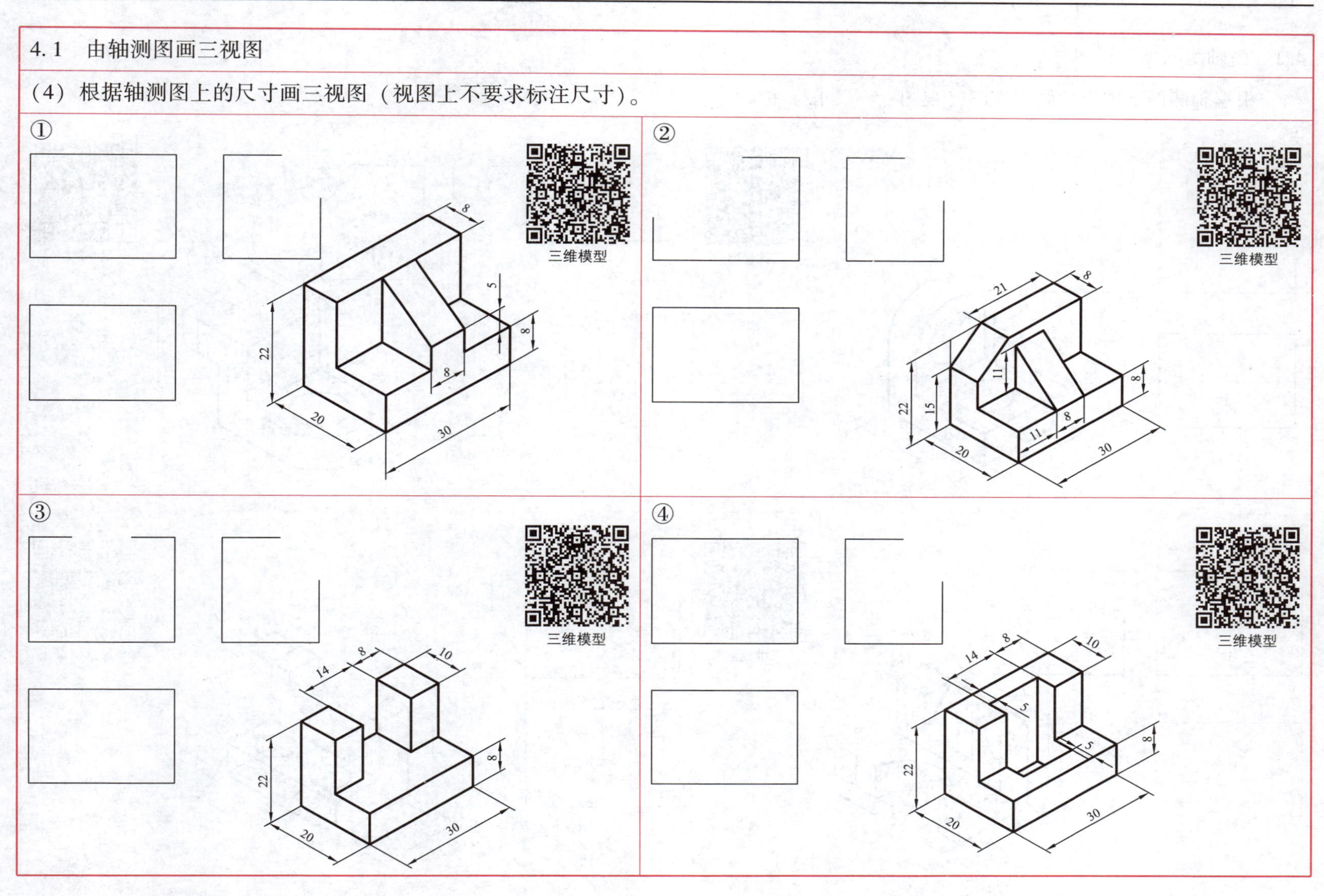

4.1 由轴测图画三视图

(4) 根据轴测图上的尺寸画三视图（视图上不要求标注尺寸）。

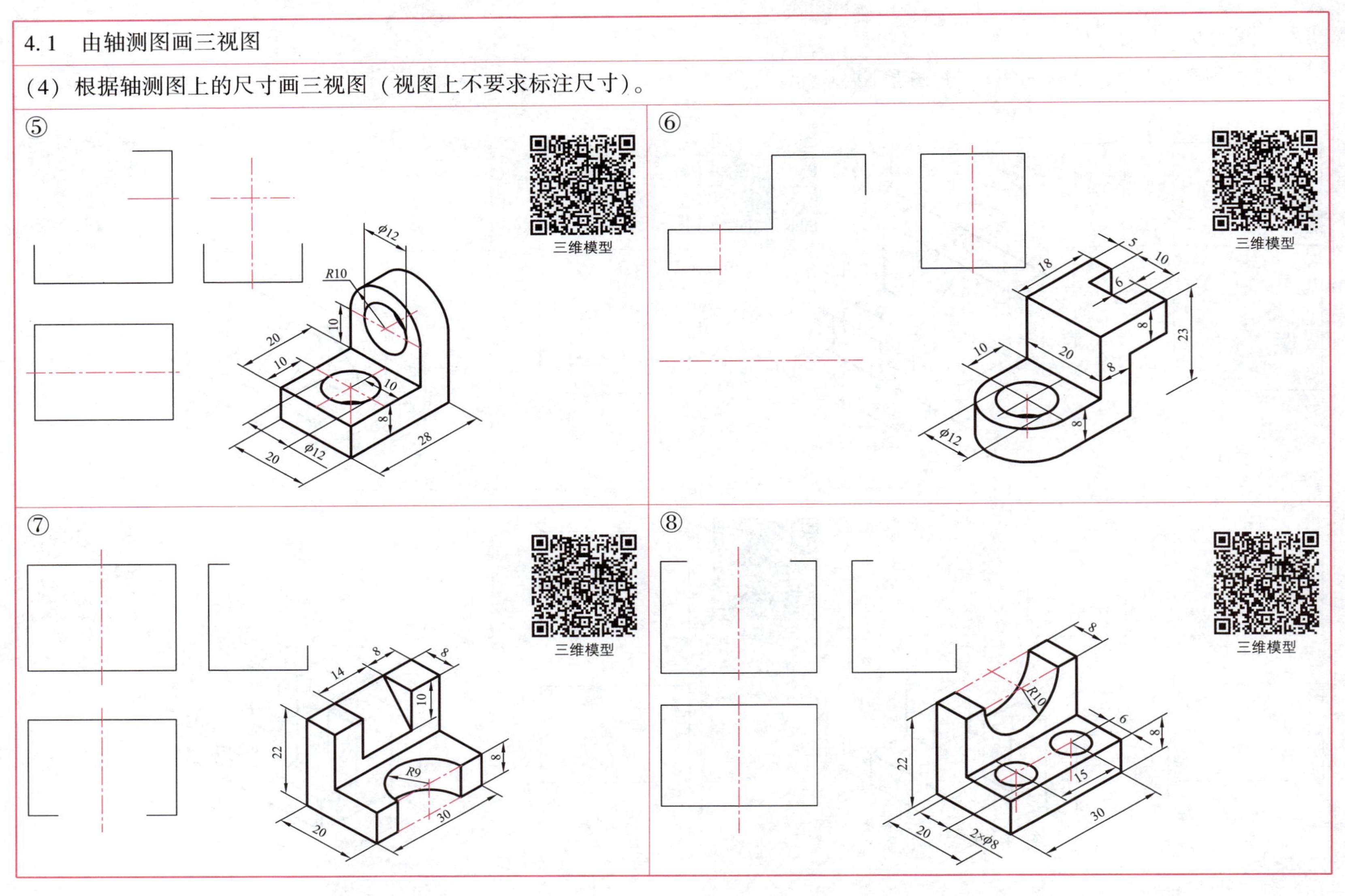

姓名： 班级： 学号：

4.1　由轴测图画三视图

（5）根据轴测图画三视图，并标注尺寸，用 A3 图纸，比例为 1∶2。

三维模型

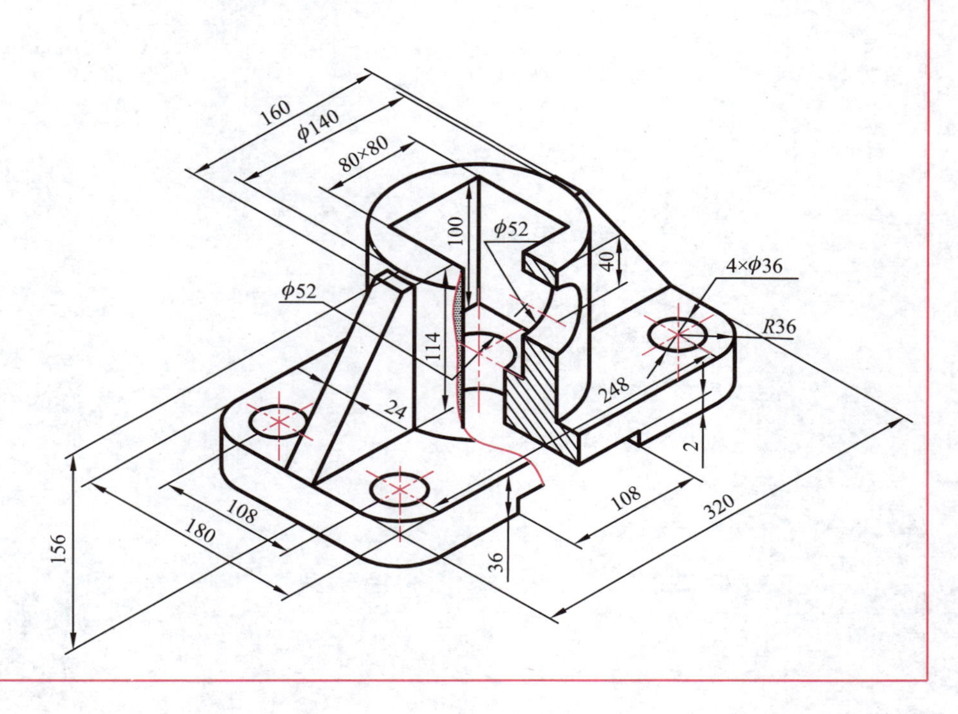

4.1 由轴测图画三视图

（6）根据轴测图画三视图，并标注尺寸，用 A3 图纸，比例为 1∶1。

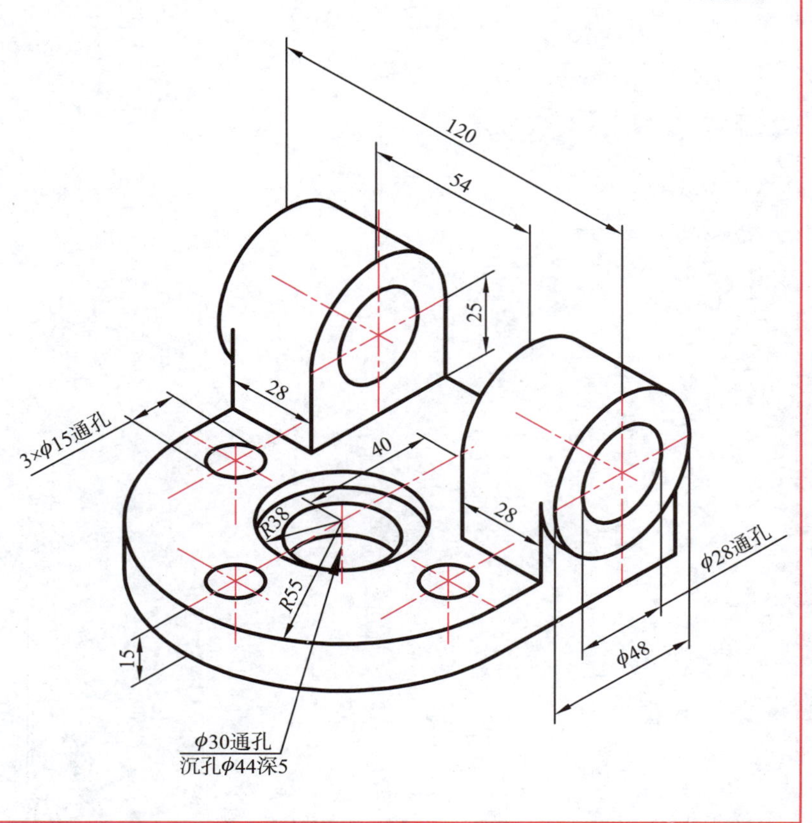

姓名：　　班级：　　学号：

4.2 看图练习

(1) 根据给出的两个视图，想象其空间形状，补画出主视图上的漏线。

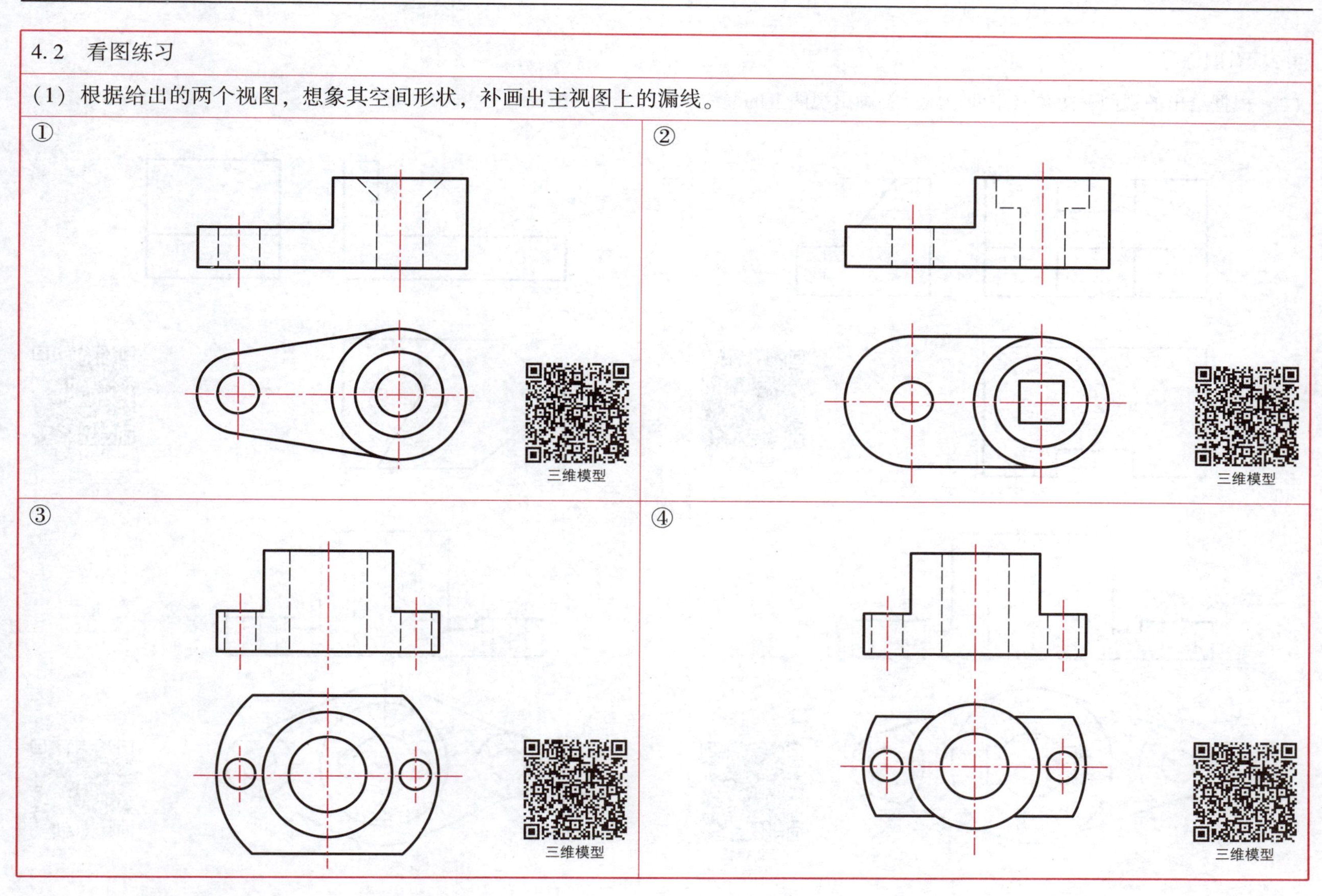

姓名： 班级： 学号：

4.2 看图练习

（2）根据给出的视图，想象其空间形状，补画出视图上的漏线。

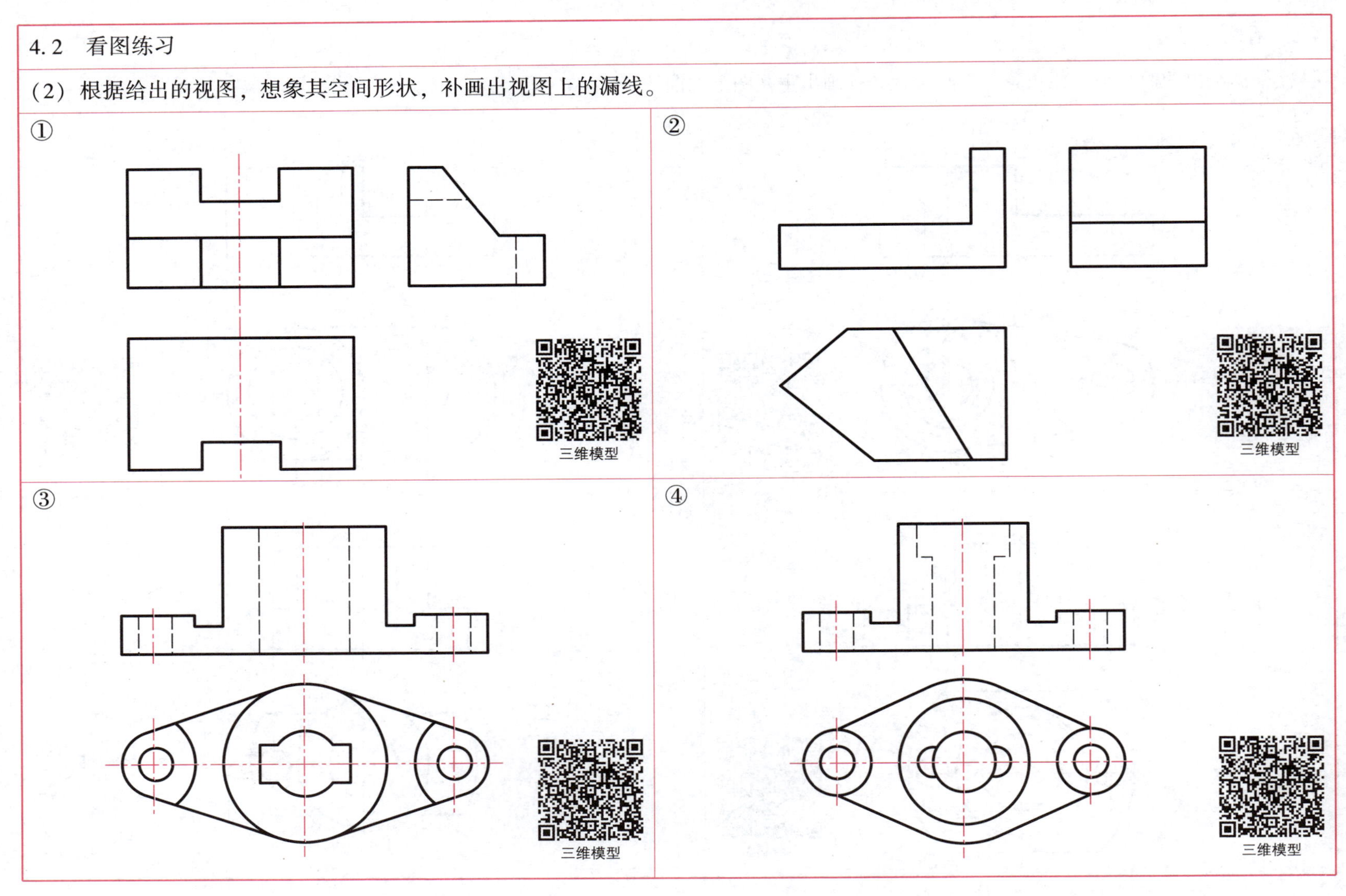

姓名：　　　　班级：　　　　学号：

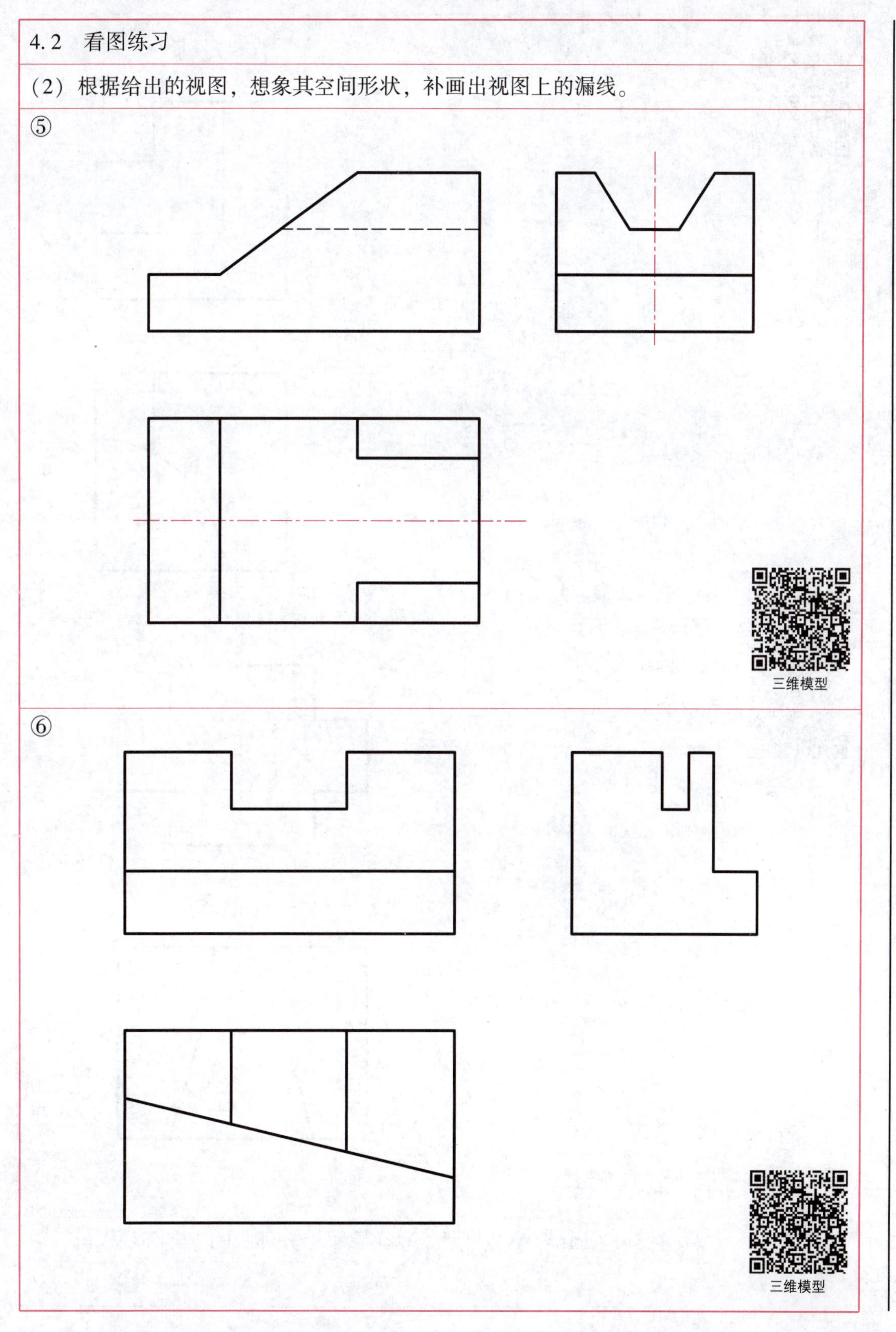

姓名：　　　　班级：　　　　学号：

4.2 看图练习

（3）根据给出的两个视图，想象零件形状，补画出另一视图。

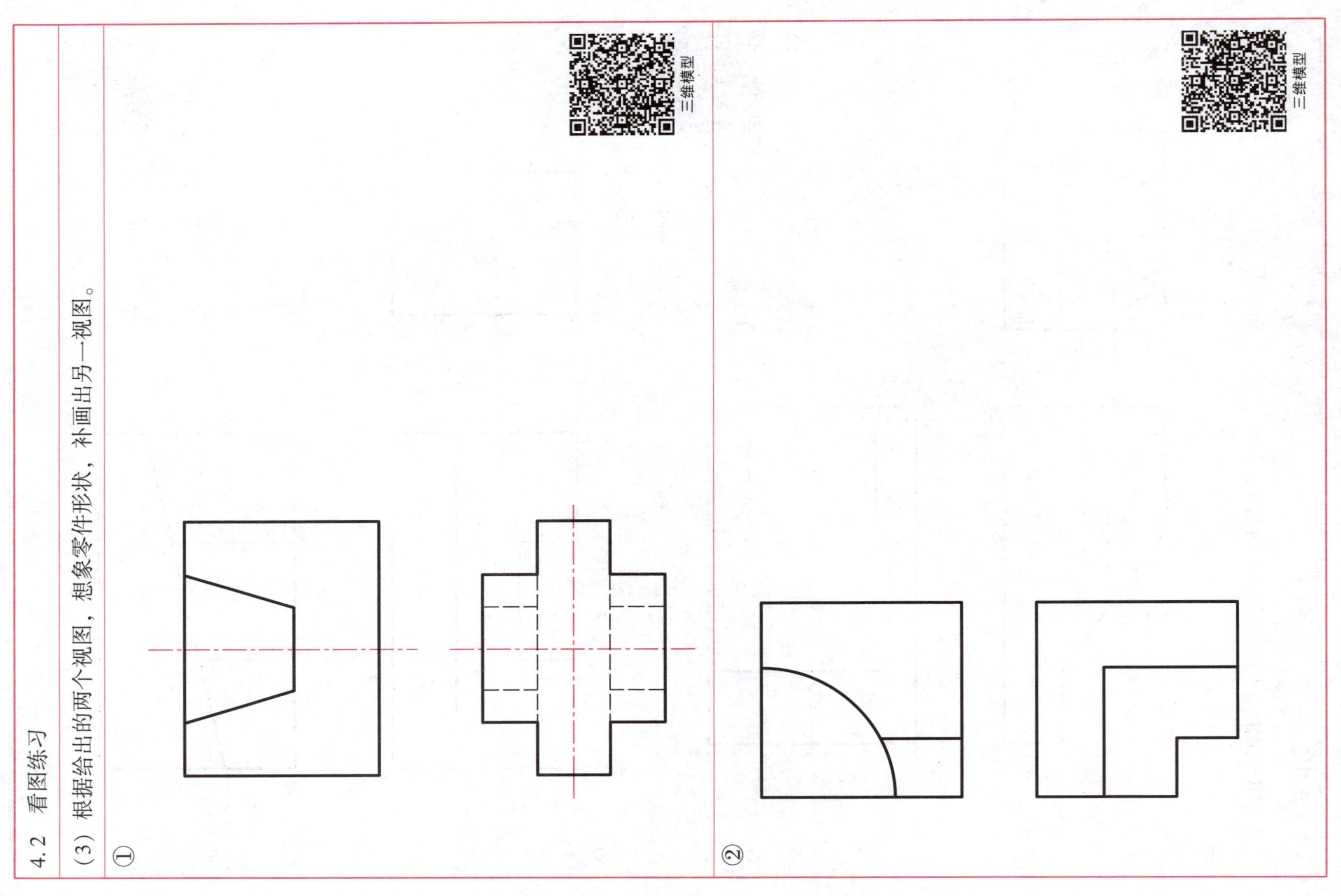

姓名：　　　班级：　　　学号：

4.2　看图练习

（3）根据给出的两个视图，想象零件形状，补画出另一视图。

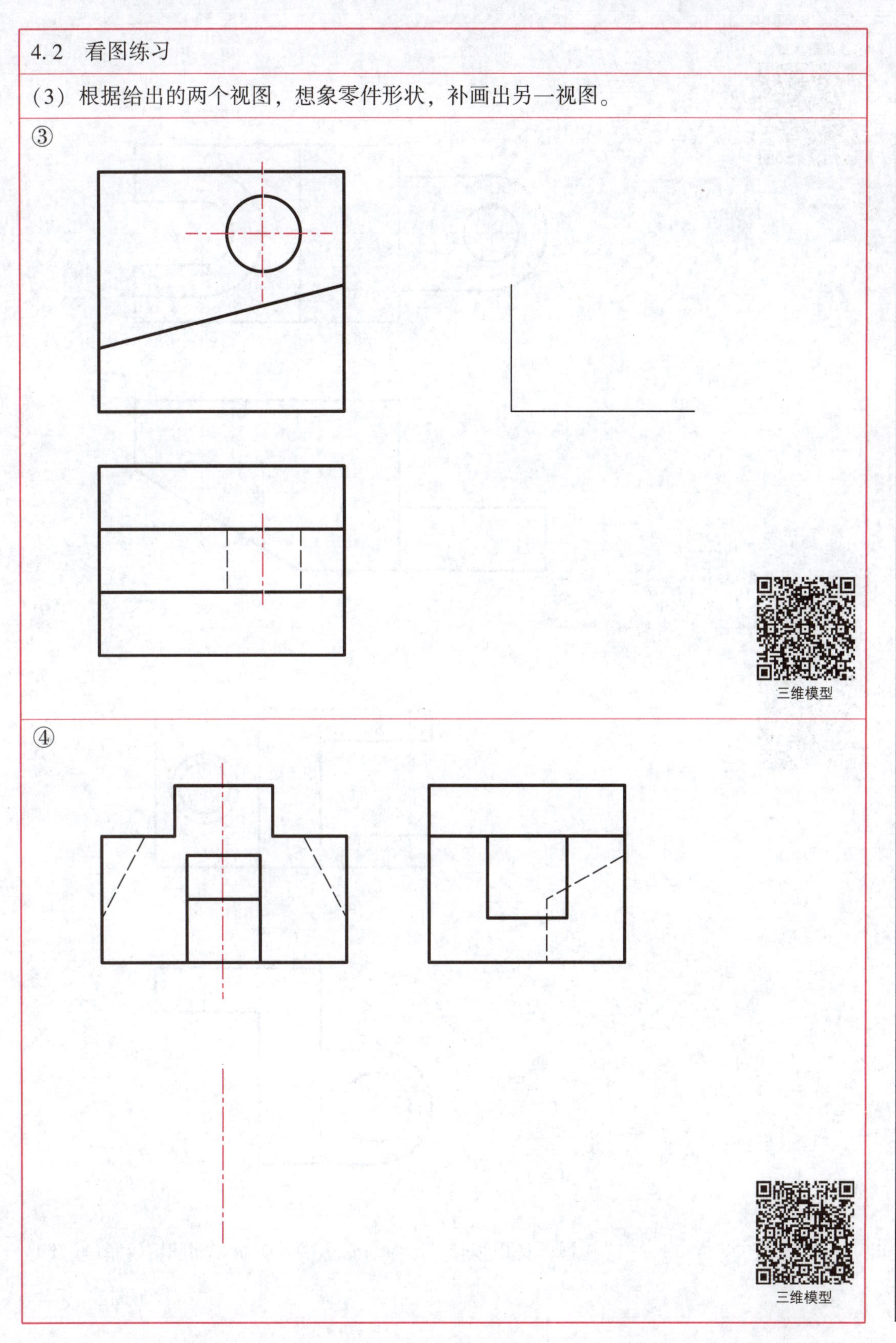

4.2 看图练习

（3）根据给出的两个视图，想象零件形状，补画出另一视图。

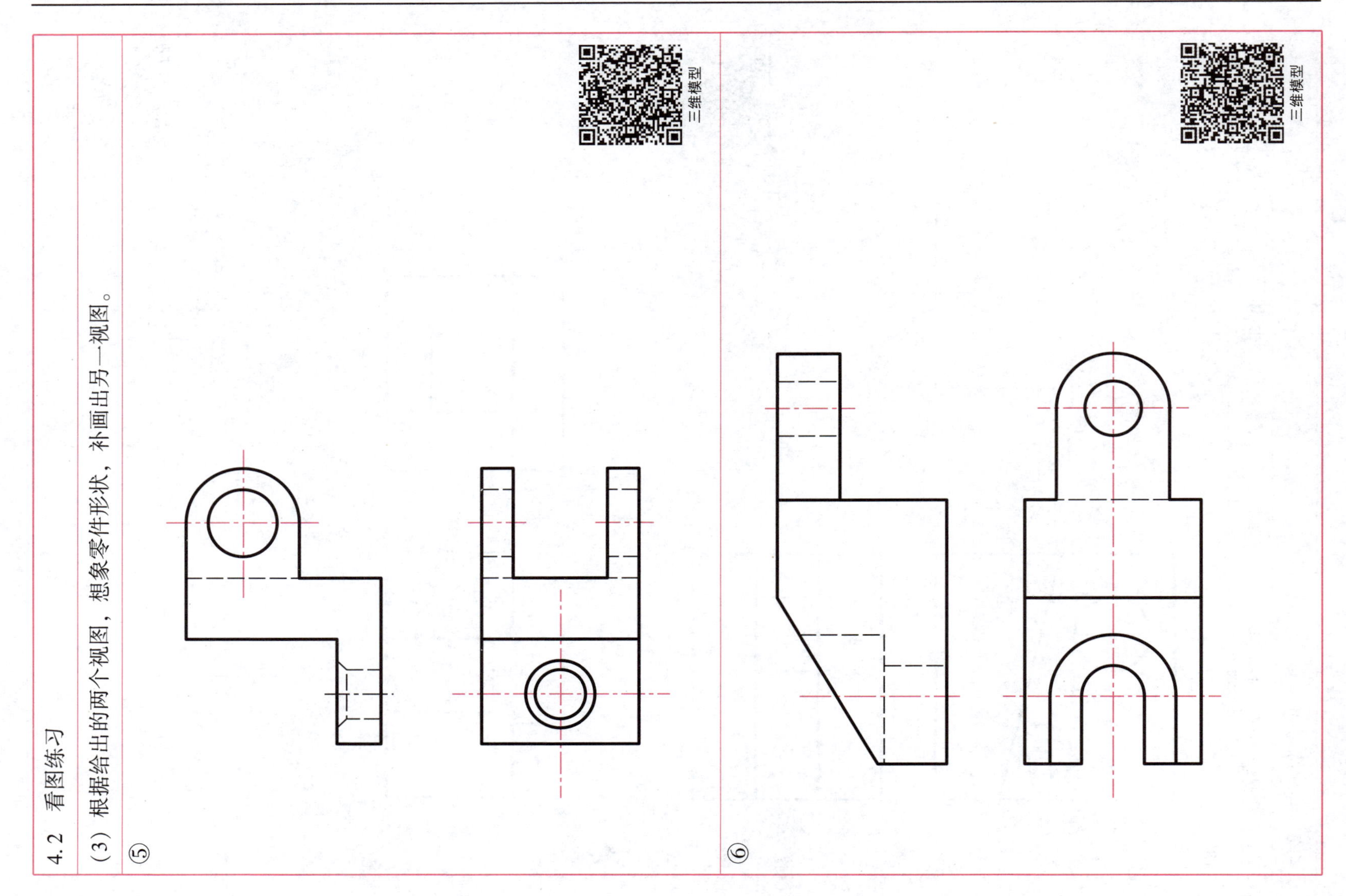

姓名：　　班级：　　学号：

4.2　看图练习

（3）根据给出的两个视图，想象零件形状，补画出另一视图。

⑦　⑧

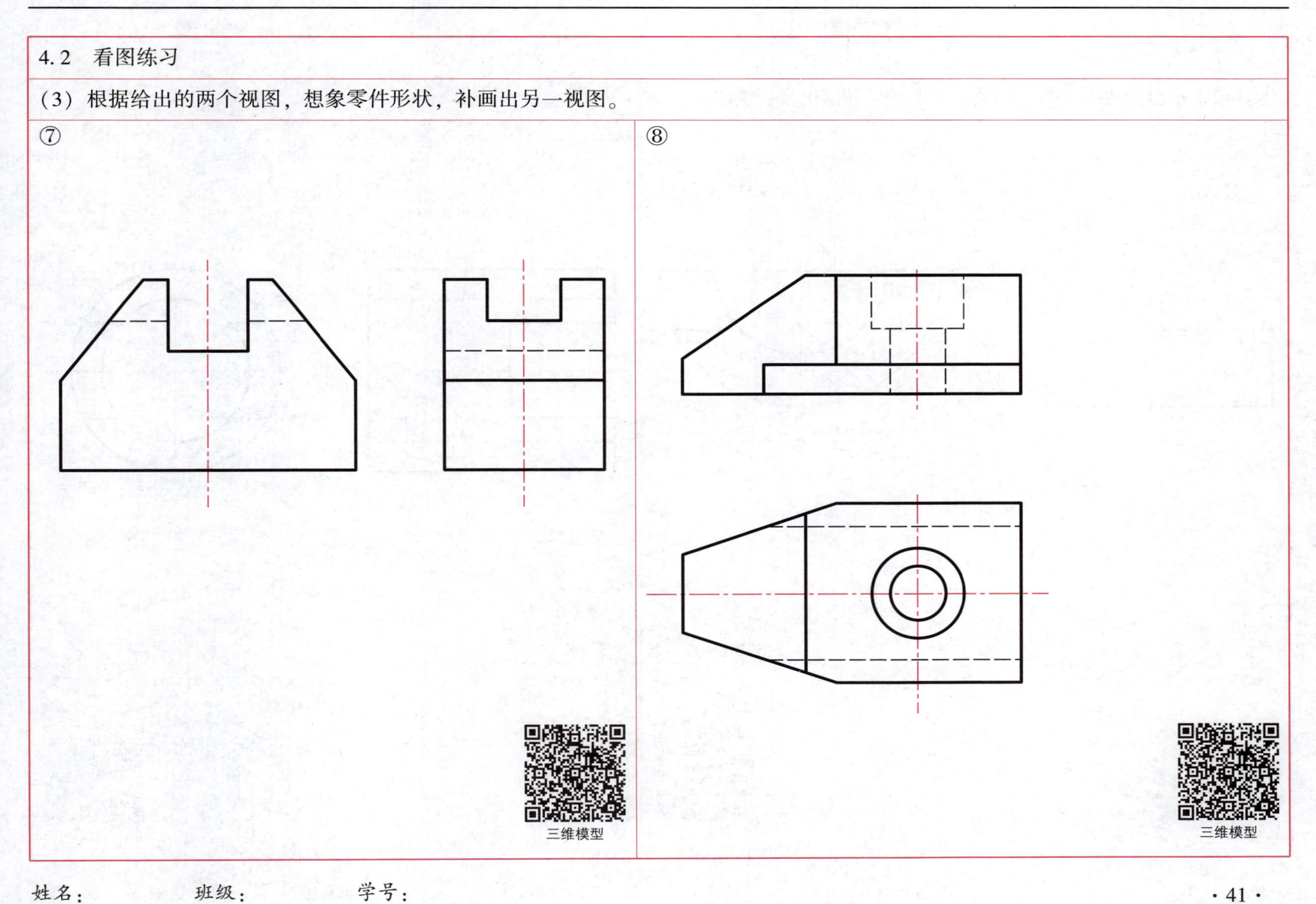

姓名：　　班级：　　学号：

4.2 看图练习

（3）根据给出的两个视图，想象零件形状，补画出另一视图。

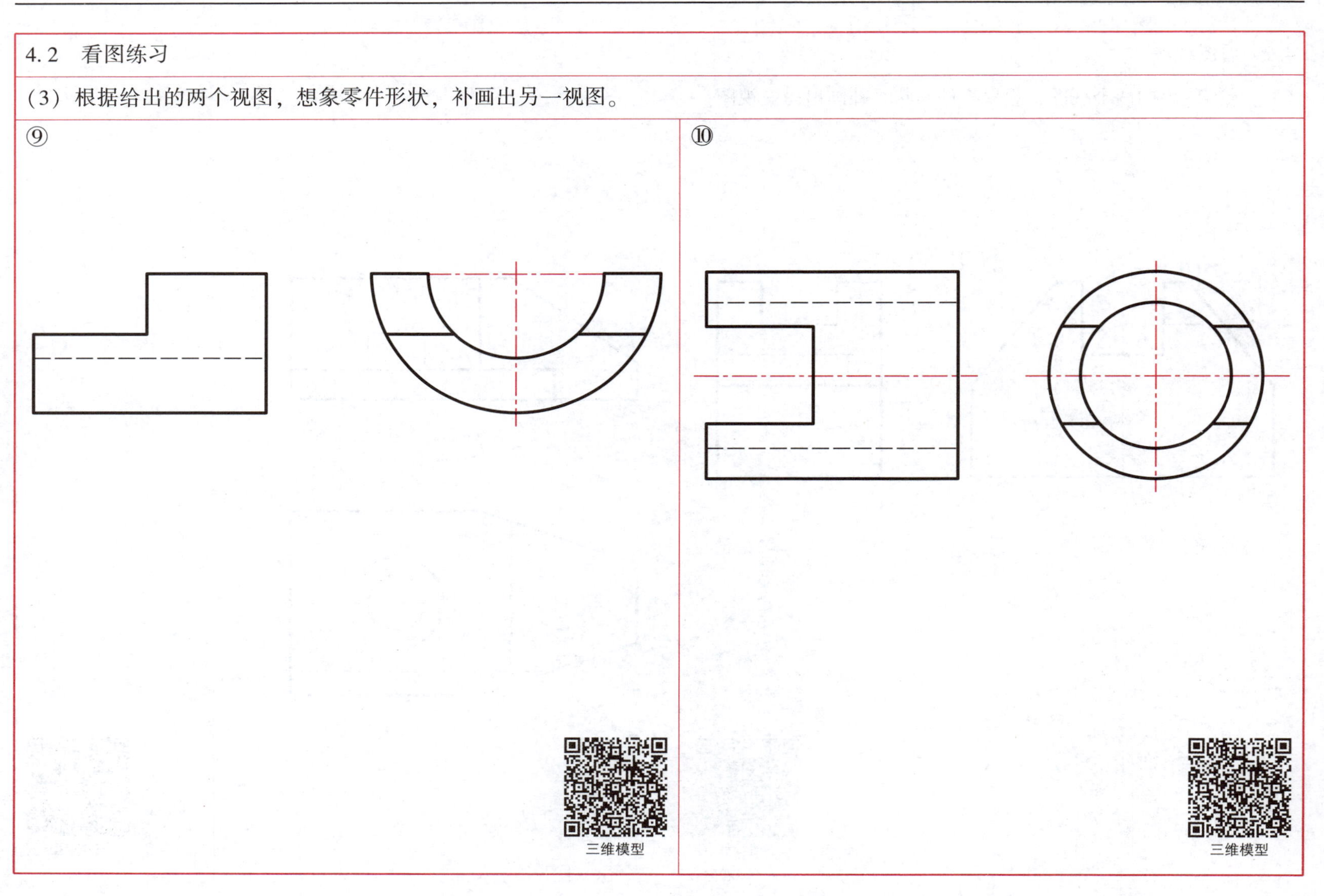

姓名： 班级： 学号：

4.2　看图练习

（3）根据给出的两个视图，想象零件形状，补画出另一视图。

⑪

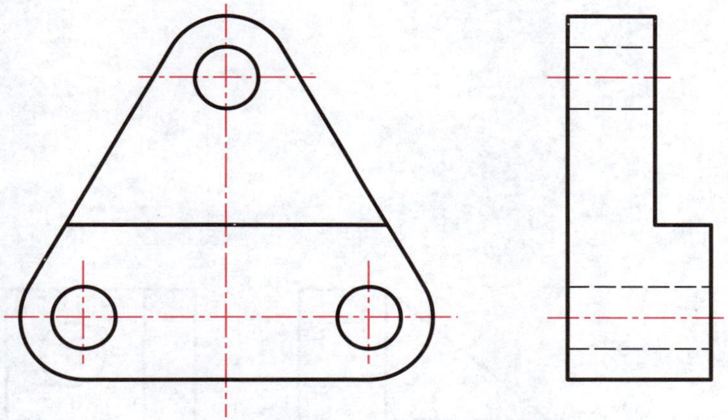

三维模型

⑫

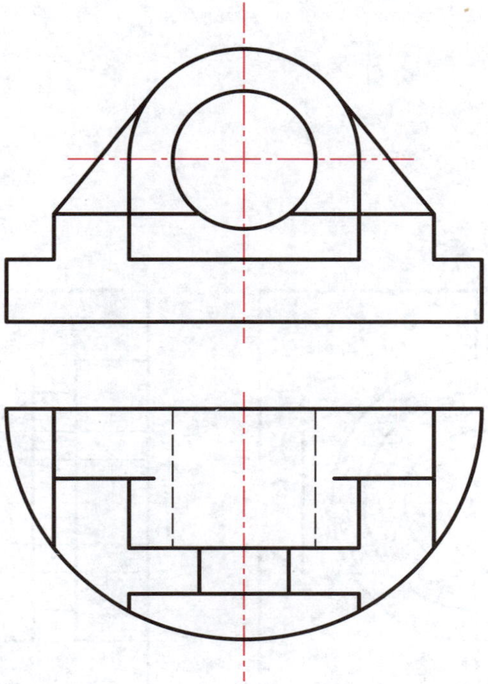

三维模型

姓名：　　　　班级：　　　　学号：

4.2 看图练习

（3）根据给出的两个视图，想象零件形状，补画出另一视图。

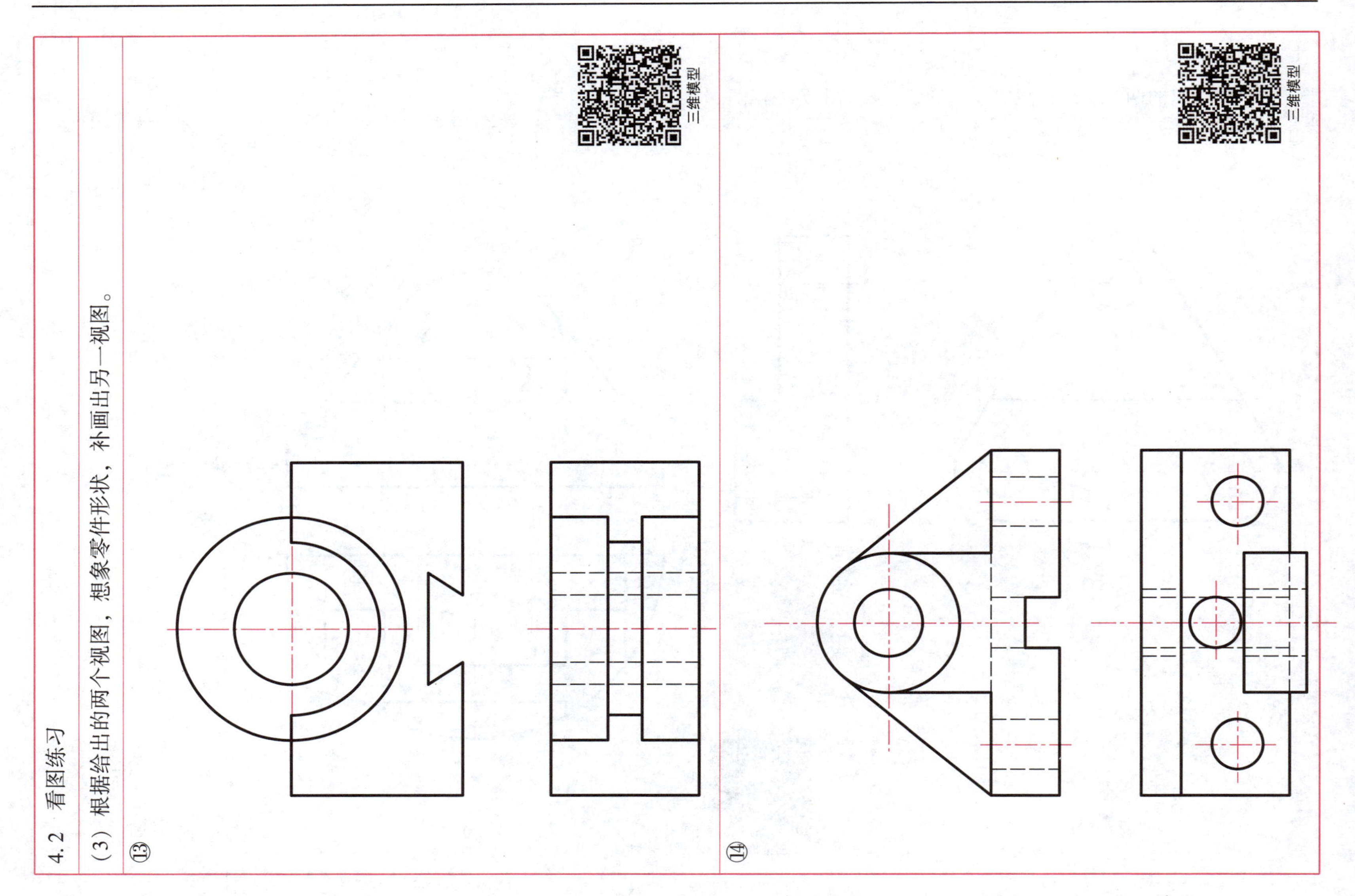

姓名：　　班级：　　学号：

4.2　看图练习

（3）根据给出的两个视图，想象零件形状，补画出另一视图。

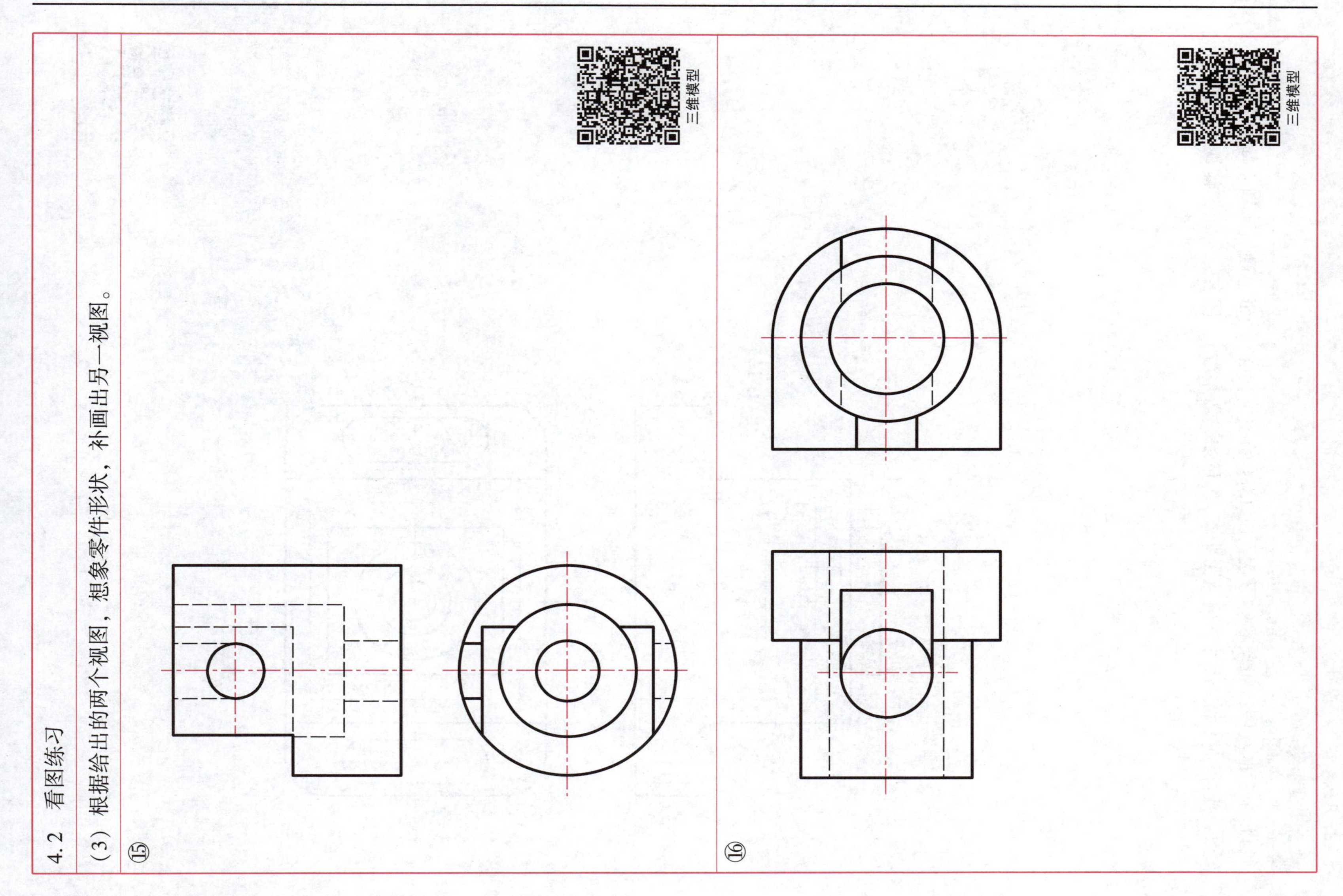

姓名：　　　　班级：　　　　学号：

4.2 看图练习

（4）根据两视图，想象零件形状，以 2∶1 的比例在 A3 图纸上画出下列立体的三视图，并标注尺寸（尺寸数值从图中 1∶1 量取，取整数），图名为“组合体视图”。

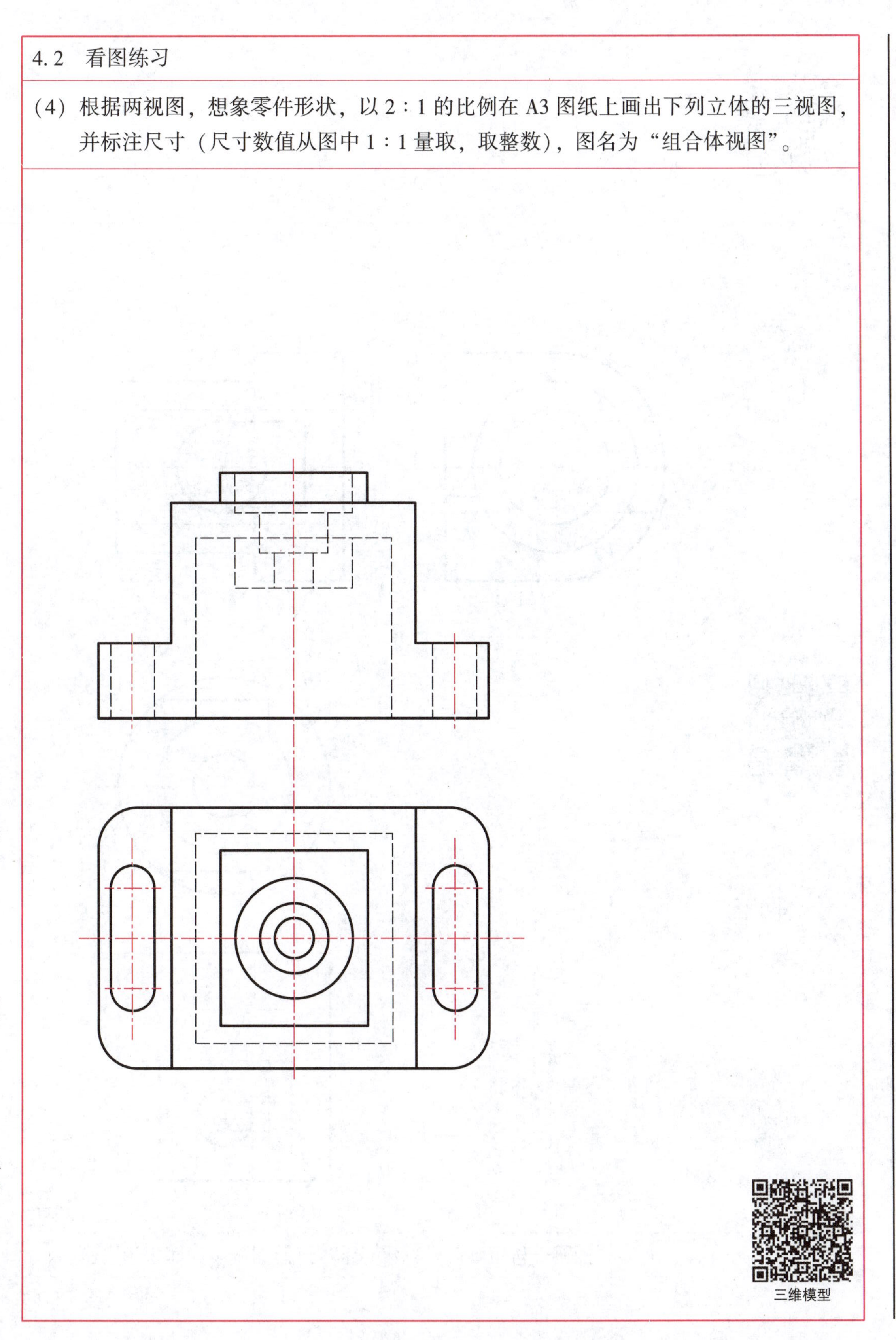

姓名：　　班级：　　学号：

4.2　看图练习

（4）根据两视图，想象零件形状，以 2：1 的比例在 A3 图纸上画出下列立体的三视图，并标注尺寸（尺寸数值从图中 1：1 量取，取整数），图名为“组合体视图”。

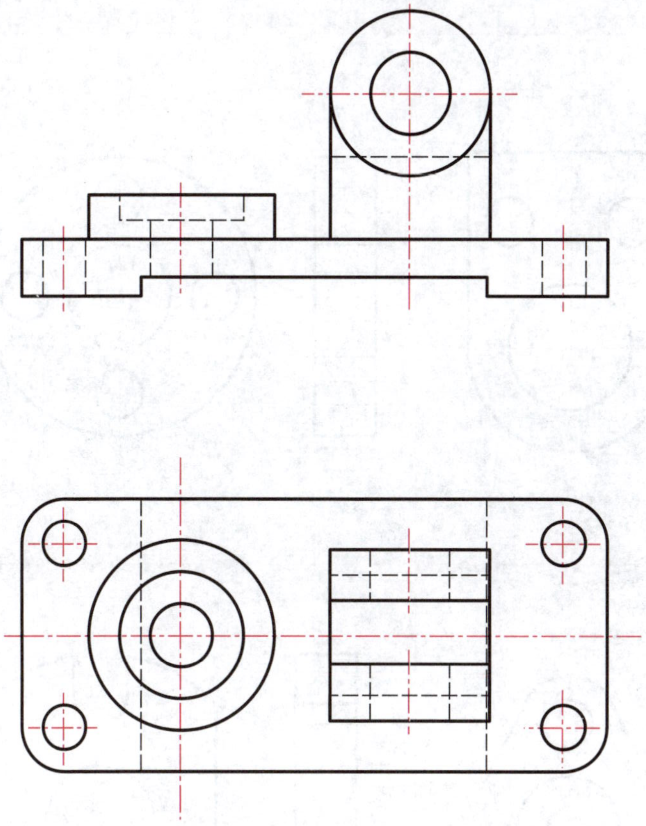

三维模型

姓名：　　　　班级：　　　　学号：

4.3　标注尺寸

标注尺寸（尺寸数值从图中 1 : 1 量取，取整数）。

①

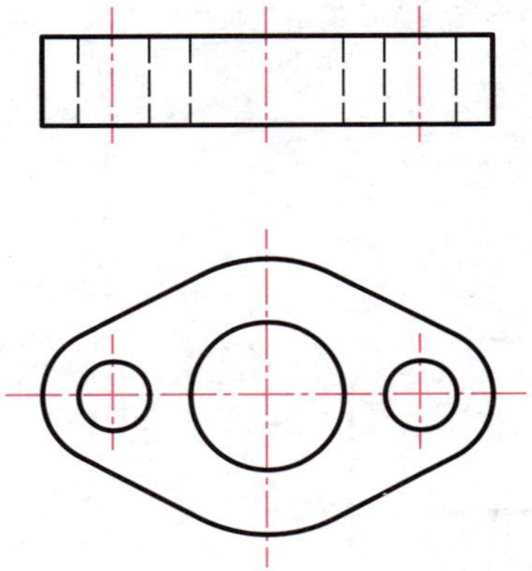

②

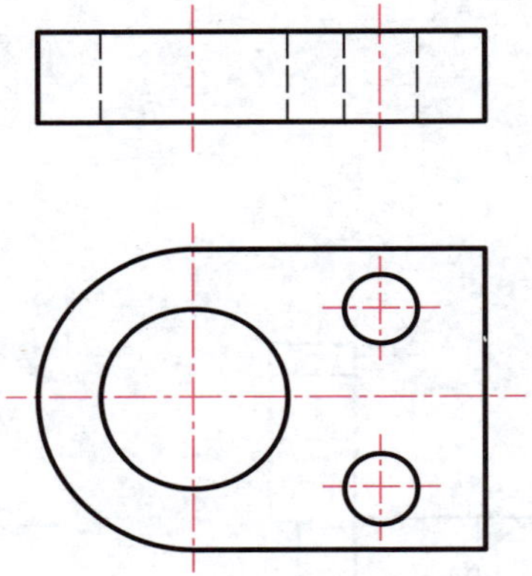

③

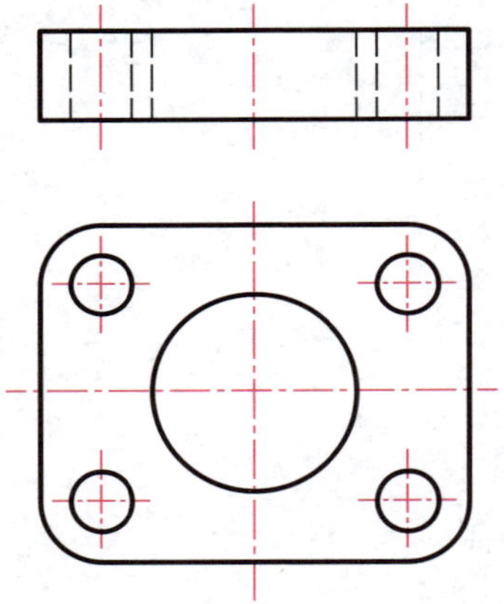

④

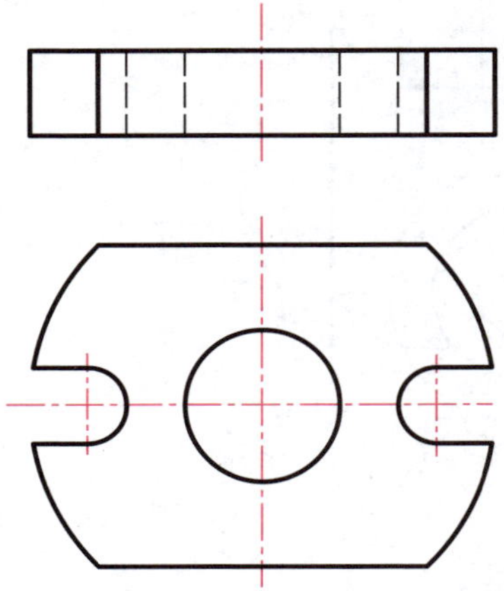

⑤

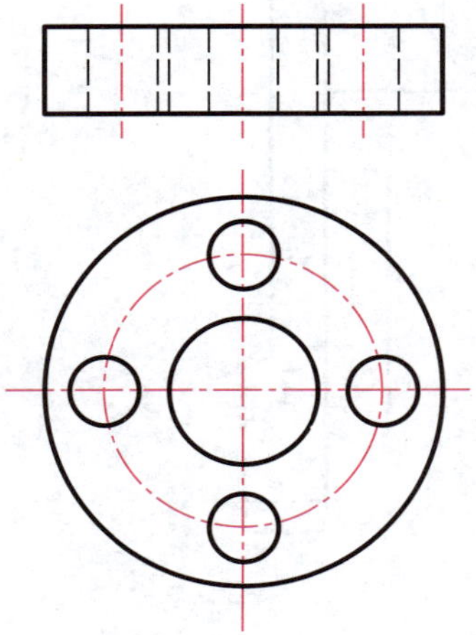

⑥

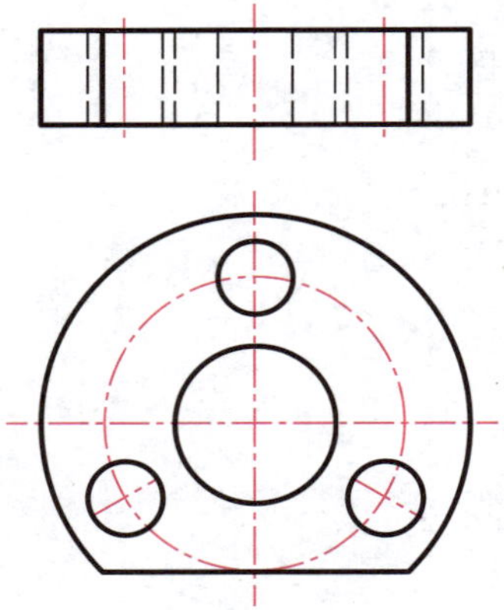

姓名：　　班级：　　学号：

4.3　标注尺寸

标注尺寸（尺寸数值从图中1∶1量取，取整数）。

⑦

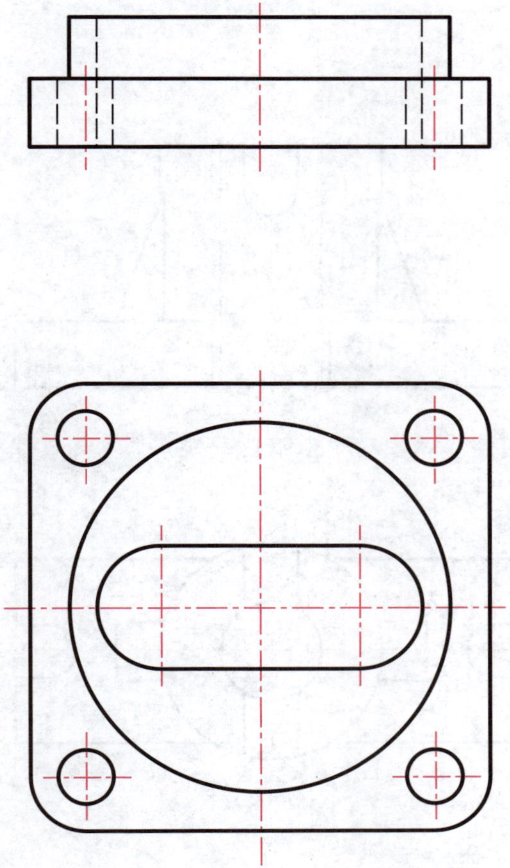

⑧

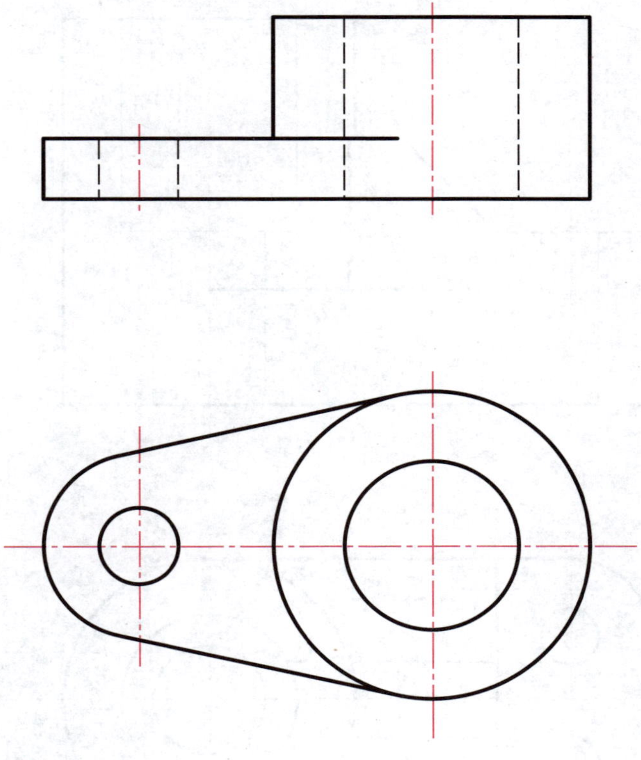

4.3　标注尺寸

标注尺寸（尺寸数值从图中 1∶1 量取，取整数）。

⑨

⑩

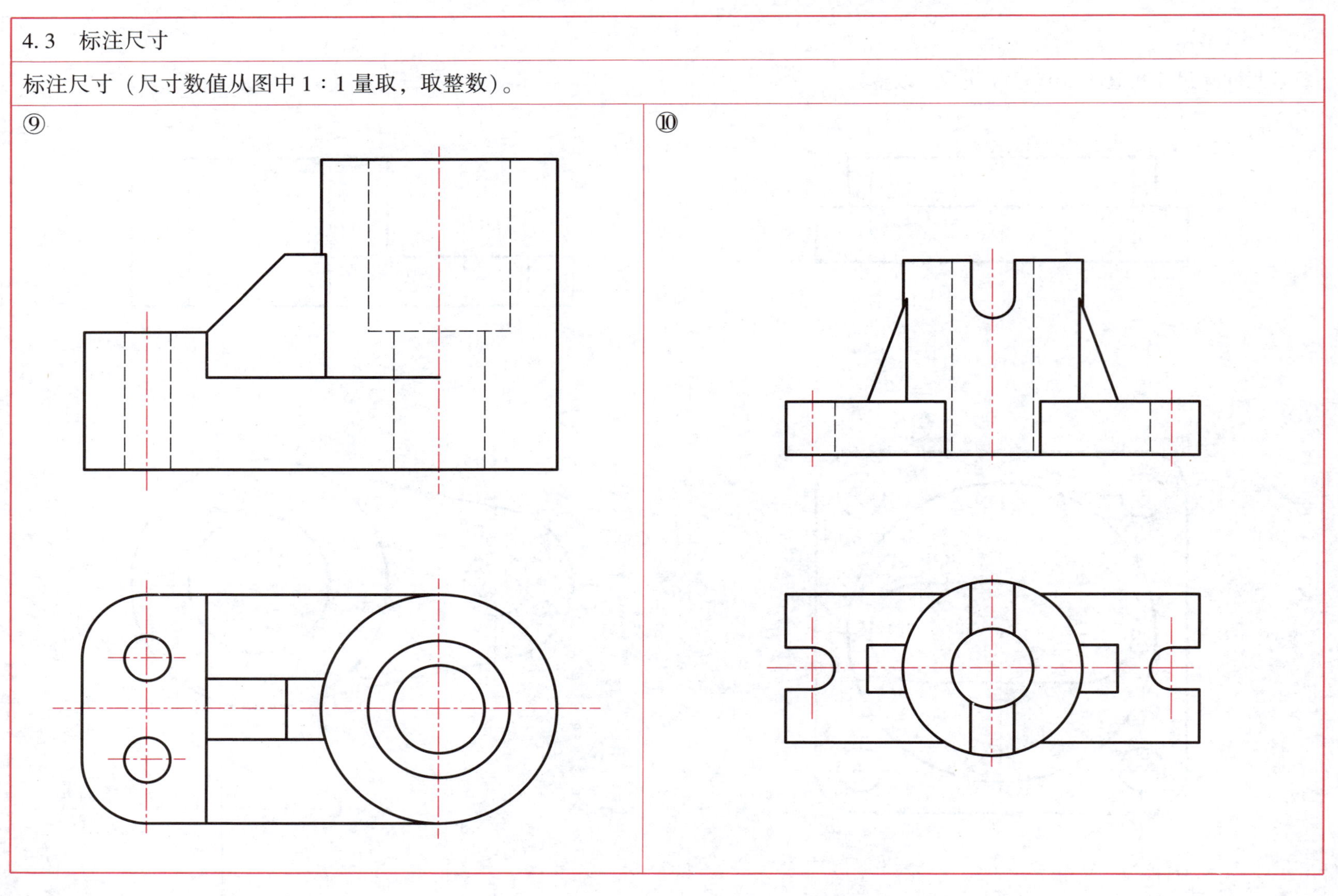

姓名：　　　　班级：　　　　学号：

4.4　补图及尺寸标注的综合练习

（1）根据组合体的两个视图，补画出其左视图，并标注尺寸（尺寸数值从图中 1∶1 量取，取整数）。

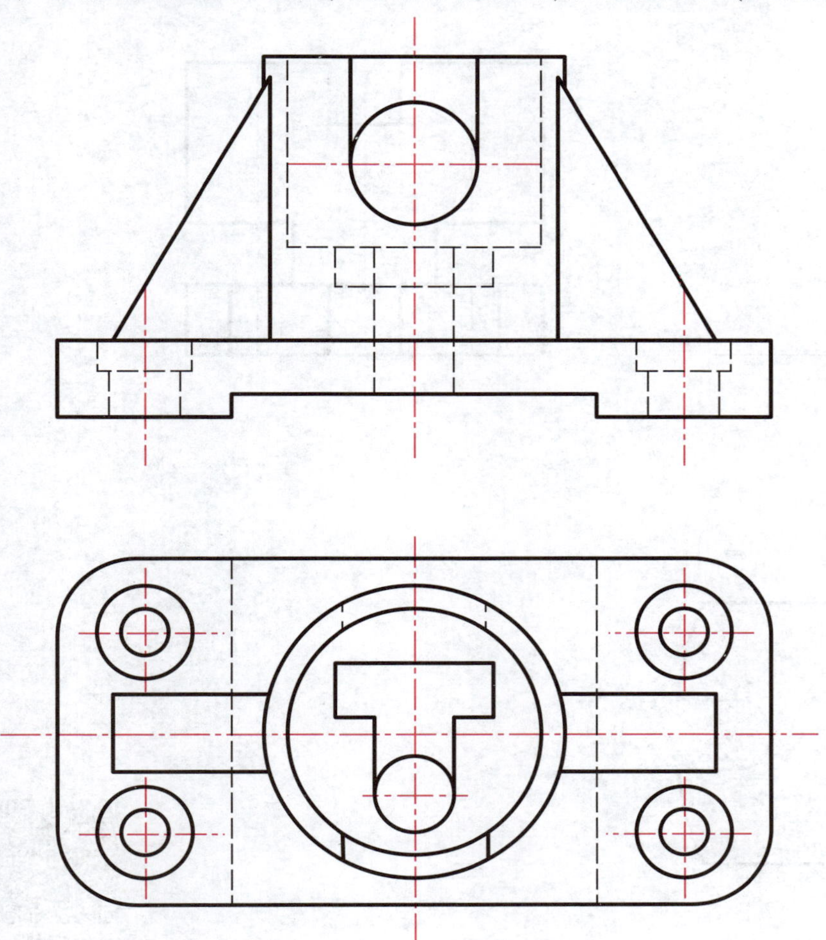

三维模型

姓名：　　　　　班级：　　　　　学号：

4.4　补图及尺寸标注的综合练习

（2）根据组合体的两个视图，补画出其主视图，并标注尺寸（尺寸数值从图中 1∶1 量取，取整数）。

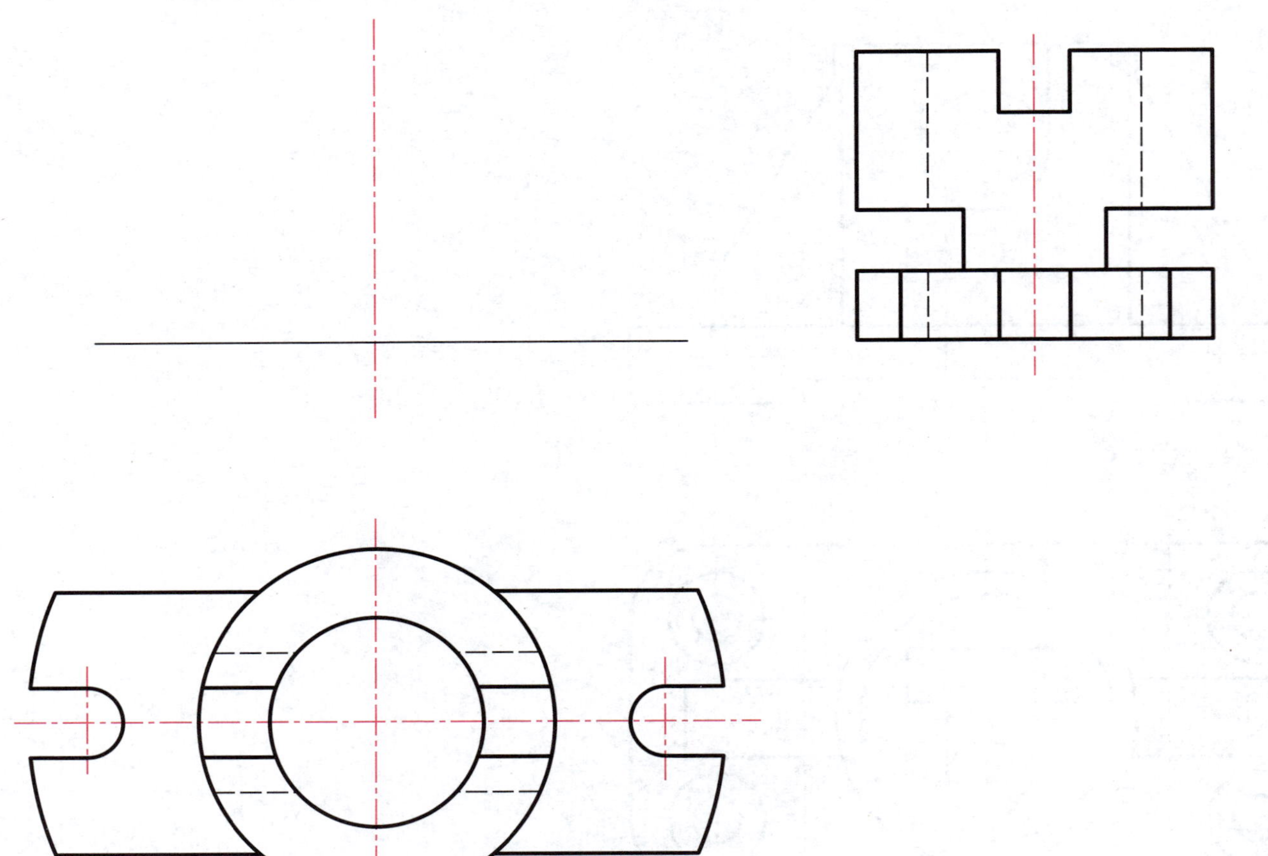

三维模型

姓名：　　　　班级：　　　　学号：

第 5 章　轴测图

5.1　轴测图

（1）根据给出的视图，画出物体的正等轴测图。

①　②

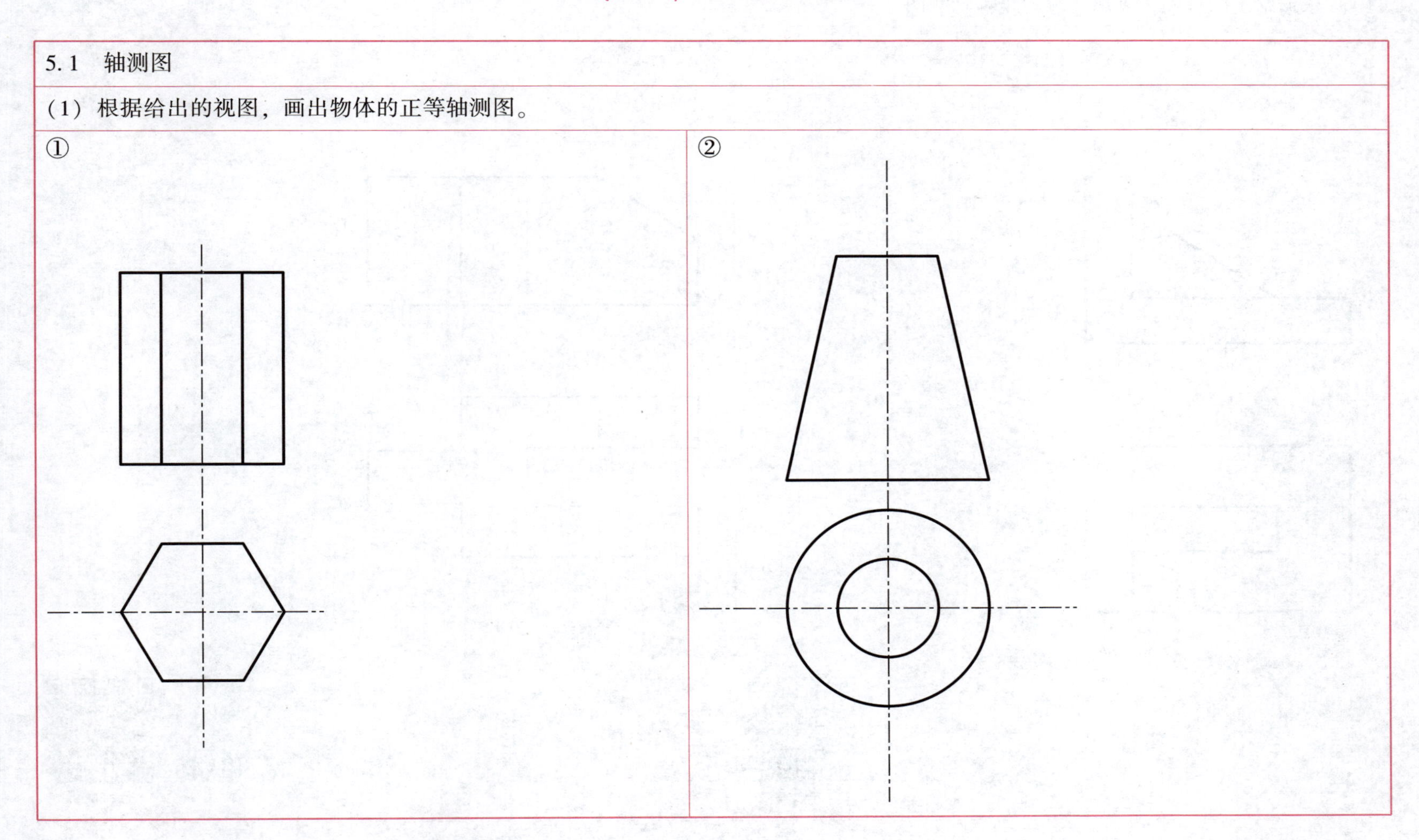

姓名：　　班级：　　学号：

5.1 轴测图

(1) 根据给出的视图，画出物体的正等轴测图。

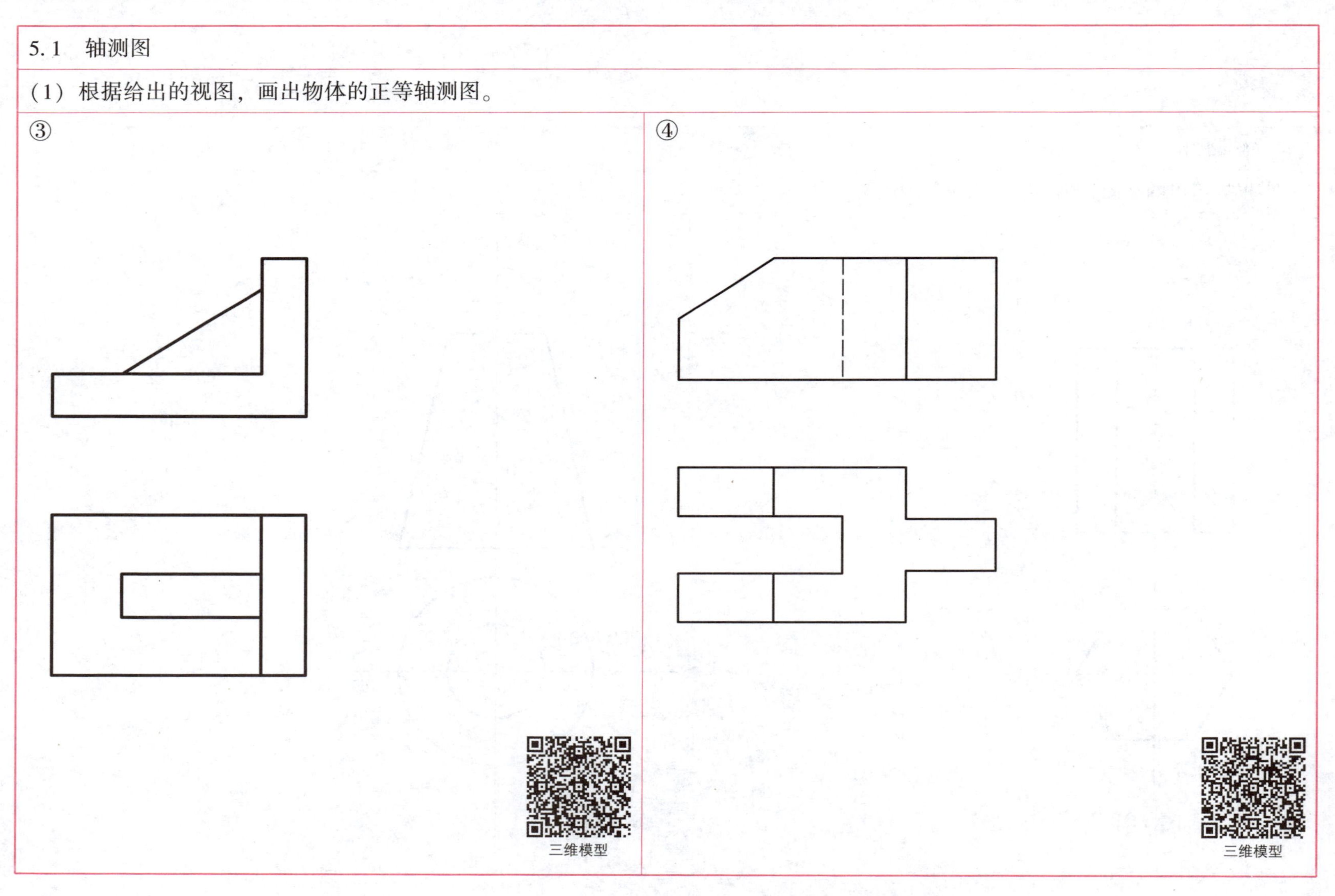

姓名：　　　　班级：　　　　学号：

5.1　轴测图

（2）根据给出的视图，画出物体的正等轴测图。然后在 A3 图纸上，用适当的比例画出物体的正等轴测图。

①

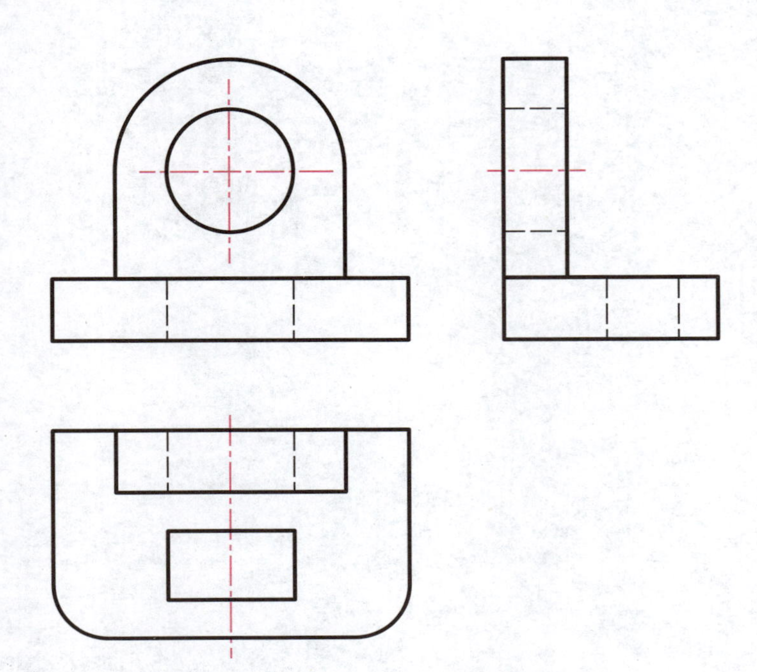

三维模型

姓名：　　　　班级：　　　　学号：

5.1　轴测图

（2）根据给出的视图，画出物体的正等轴测图。然后在 A3 图纸上，用适当的比例画出物体的正等轴测图。

②

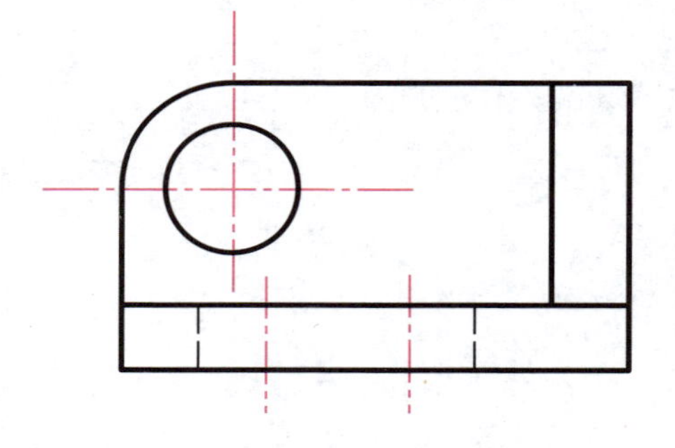

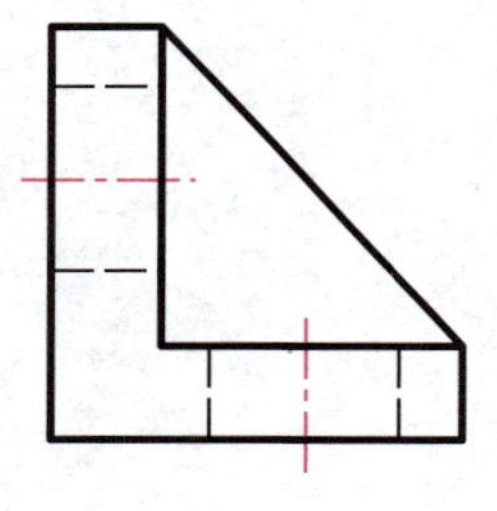

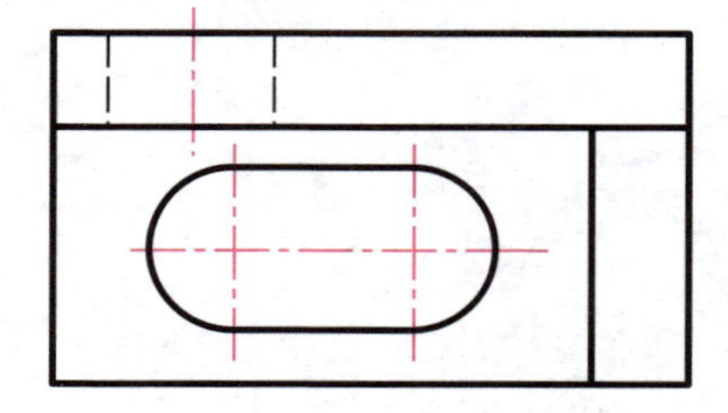

三维模型

姓名：　　班级：　　学号：

5.1　轴测图

（3）根据给出的视图，画出物体的斜二轴测图。

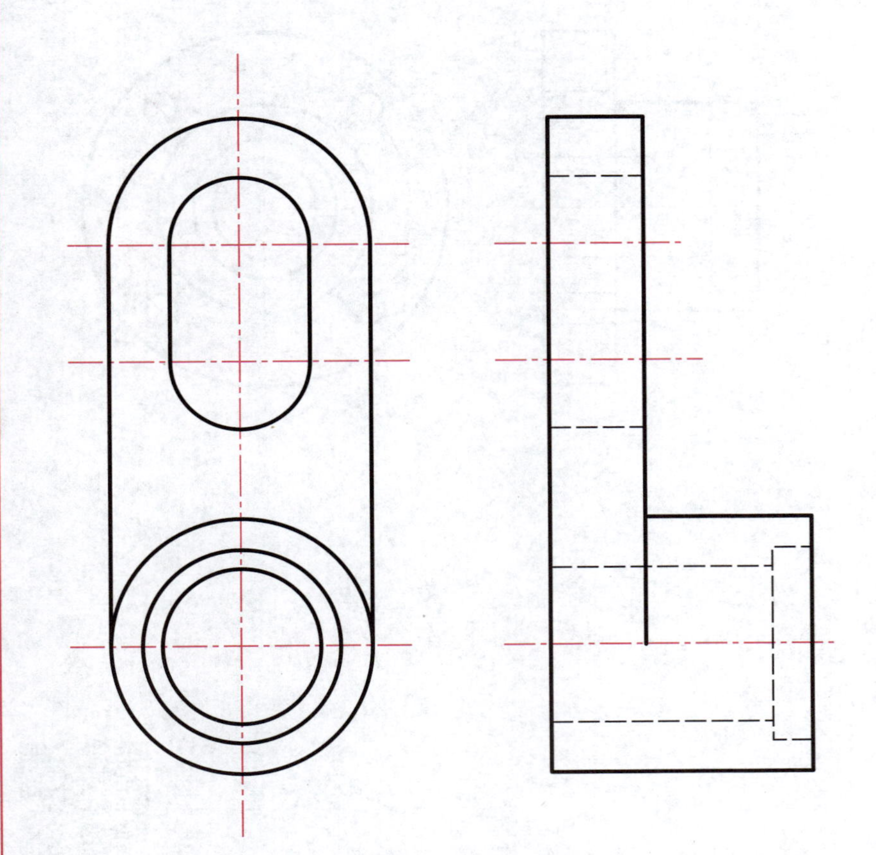

三维模型

姓名：　　　　班级：　　　　学号：

5.1 轴测图

（3）根据给出的视图，画出物体的斜二轴测图。

②

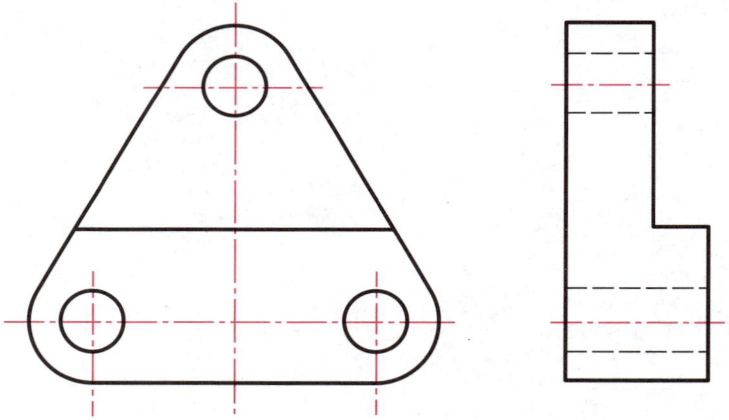

③

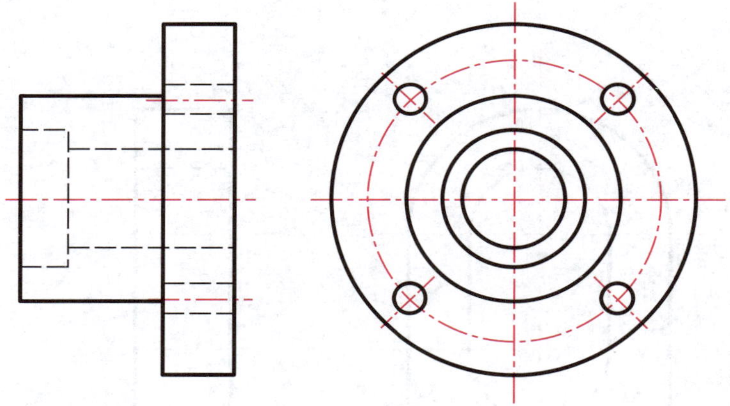

三维模型

姓名：　　班级：　　学号：

5.2　轴测剖视图

(1) 根据给出的视图，画出物体的正等轴测剖视图。

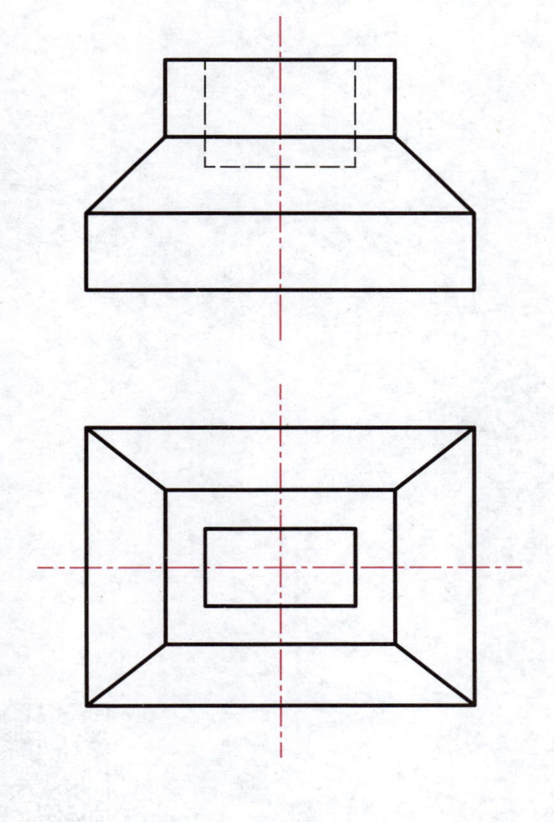

三维模型

5.2　轴测剖视图

（2）根据给出的视图，画出物体的斜二轴测剖视图。

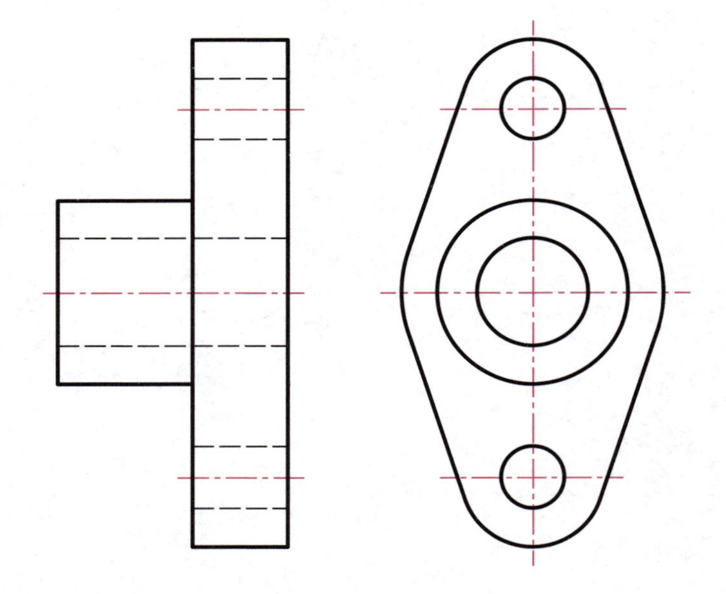

三维模型

姓名：　　　　班级：　　　　学号：

第 6 章　零件的表达方法

6.1　视图

(1) 根据已给物体的主、俯、左视图，补画出其他三个基本视图。

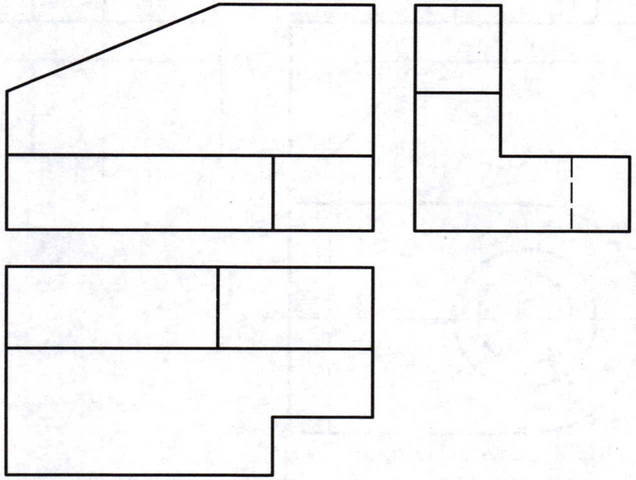

三维模型

6.1 视图

（2）根据已给物体的主、俯、左视图，补画出其他三个基本视图。

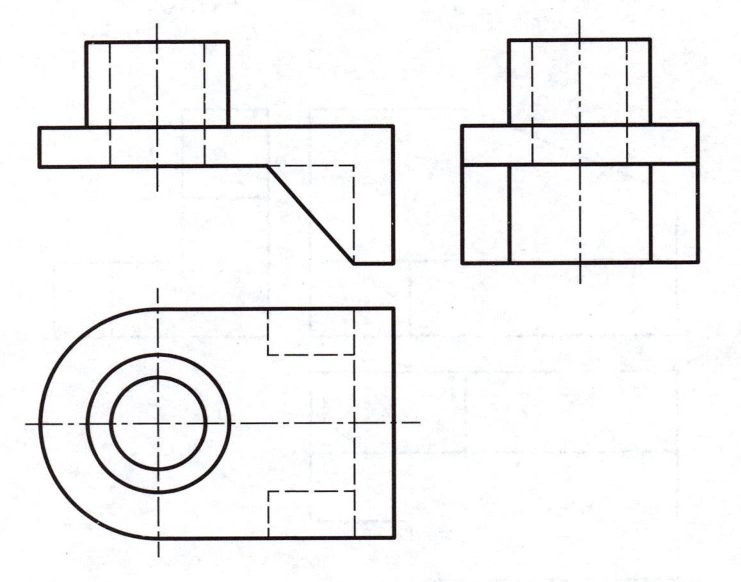

三维模型

姓名：　　班级：　　学号：

6.1　视图

(3) 读懂物体的两个视图，在指定位置画出 *A* 向、*B* 向局部视图。

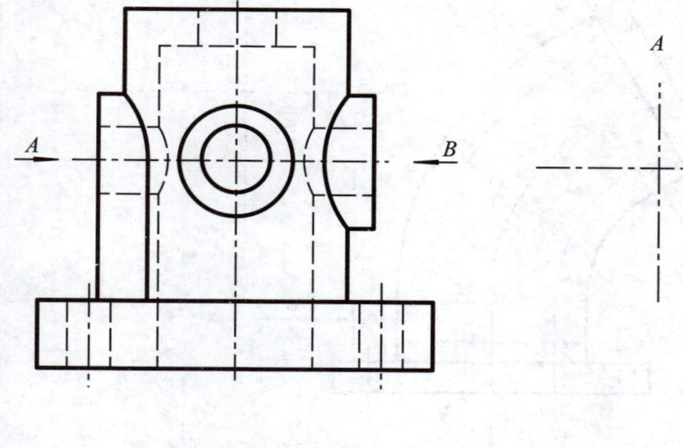

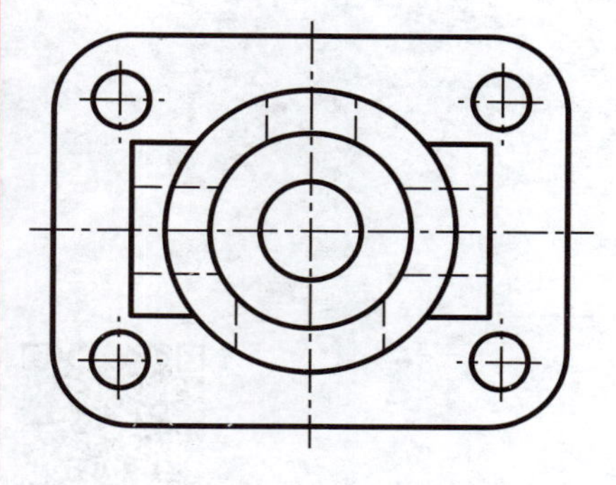

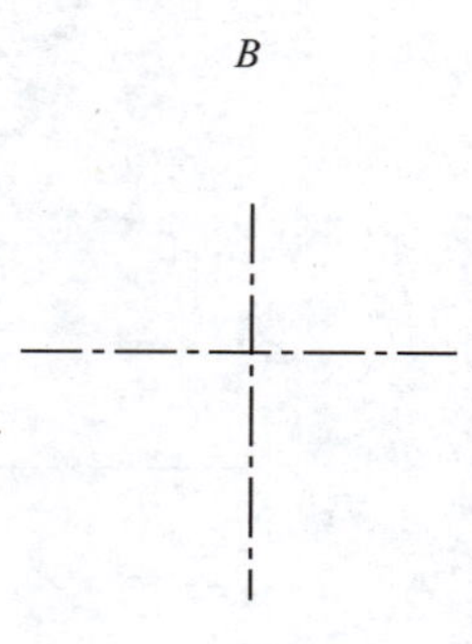

(4) 读懂物体的两个视图，在空白处画出 *A* 向斜视图。

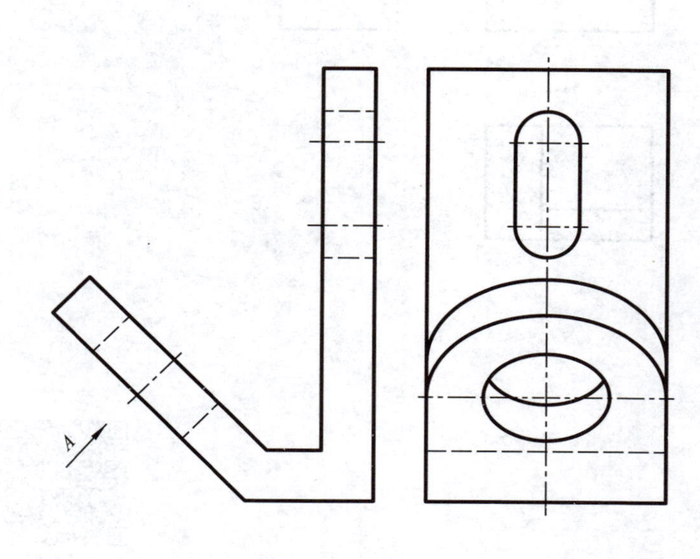

6.1 视图

(5) 在指定位置画出各向视图。

C

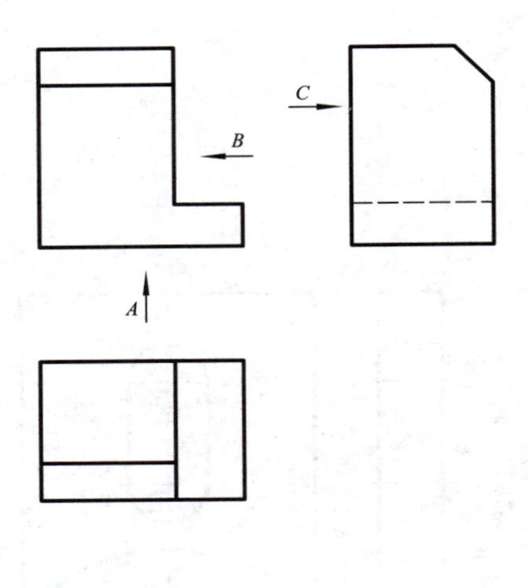

A　　*B*

三维模型

(6) 作 *A* 向视图和 *B* 向斜视图，下端正方形的四个圆角为 *R*5，尺寸从图中直接量取。

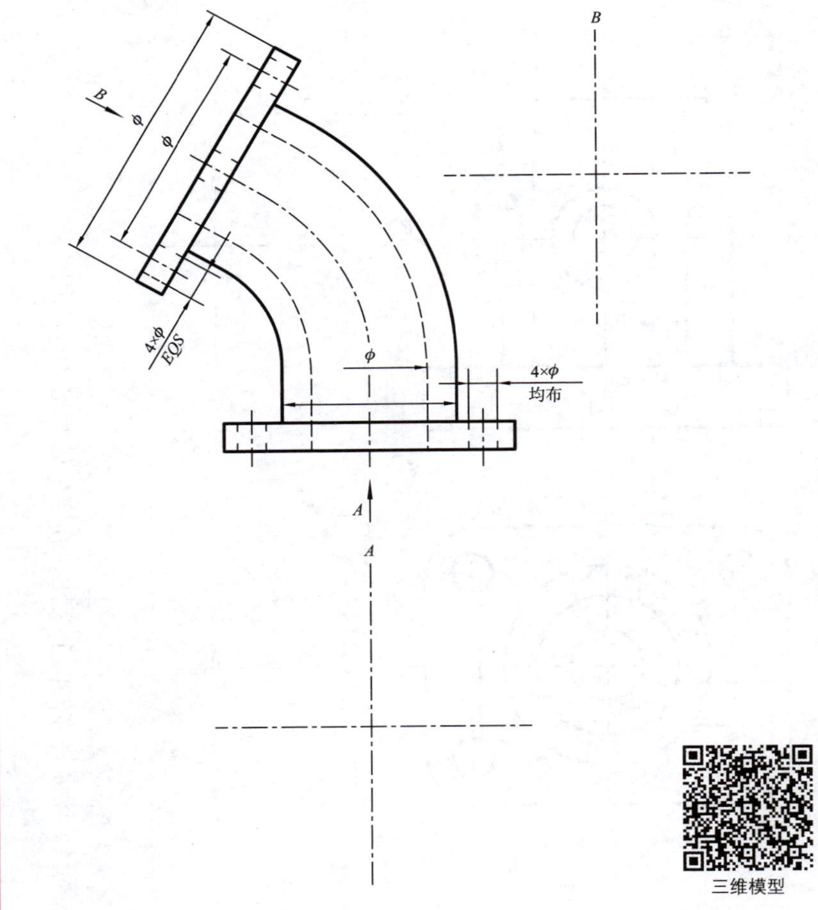

三维模型

姓名：　　班级：　　学号：

6.2　剖视图

（1）根据零件的二视图，在给定的位置将主视图改画成全剖视图。

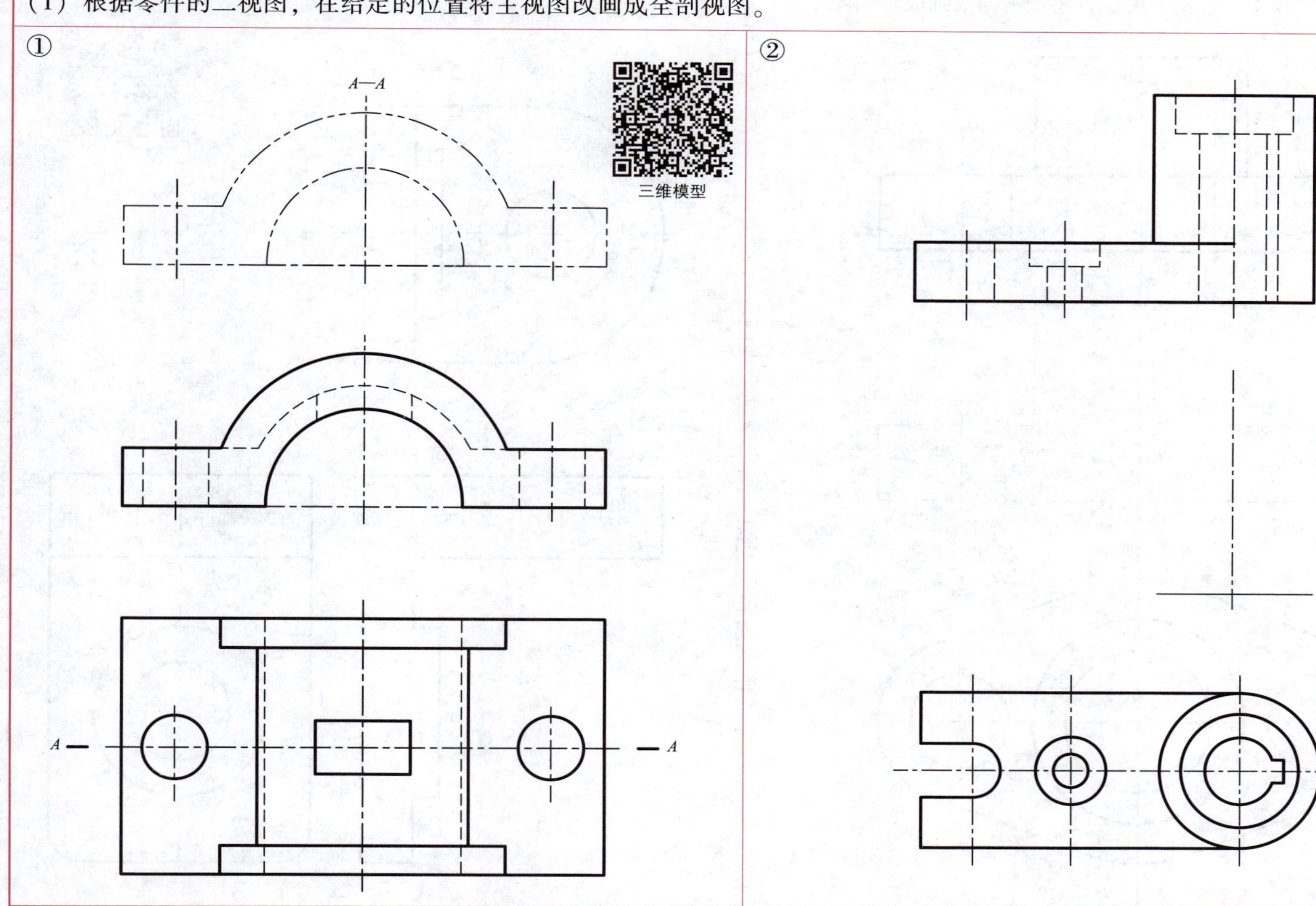

姓名：　　　　班级：　　　　学号：

6.2 剖视图

（2）根据零件的二视图，在给定的位置将主视图改画成全剖视图。

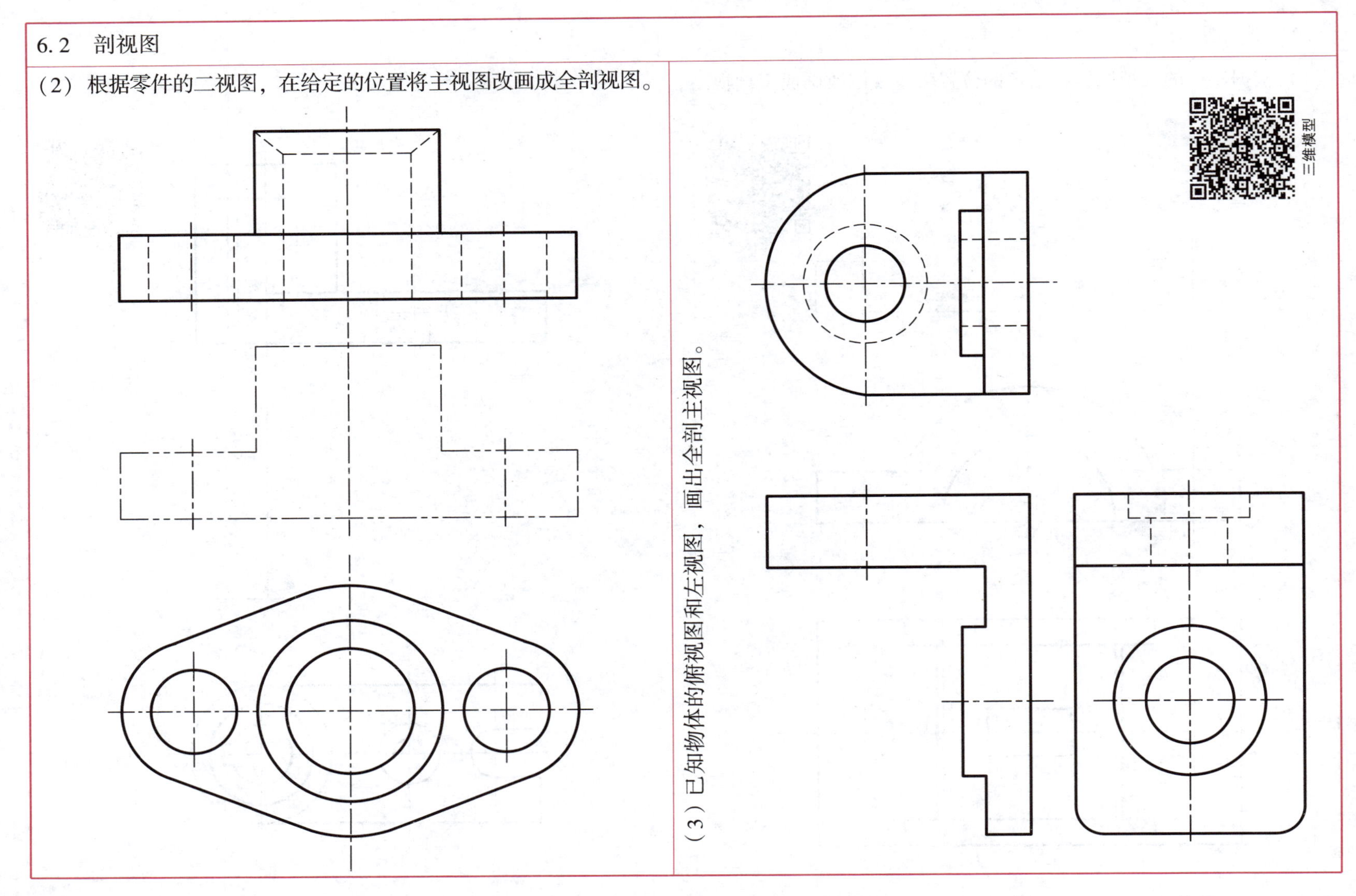

（3）已知物体的俯视图和左视图，画出全剖主视图。

姓名：　　班级：　　学号：

6.2　剖视图

（4）已知物体的主视图和俯视图，在指定位置画出全剖主视图和半剖左视图。

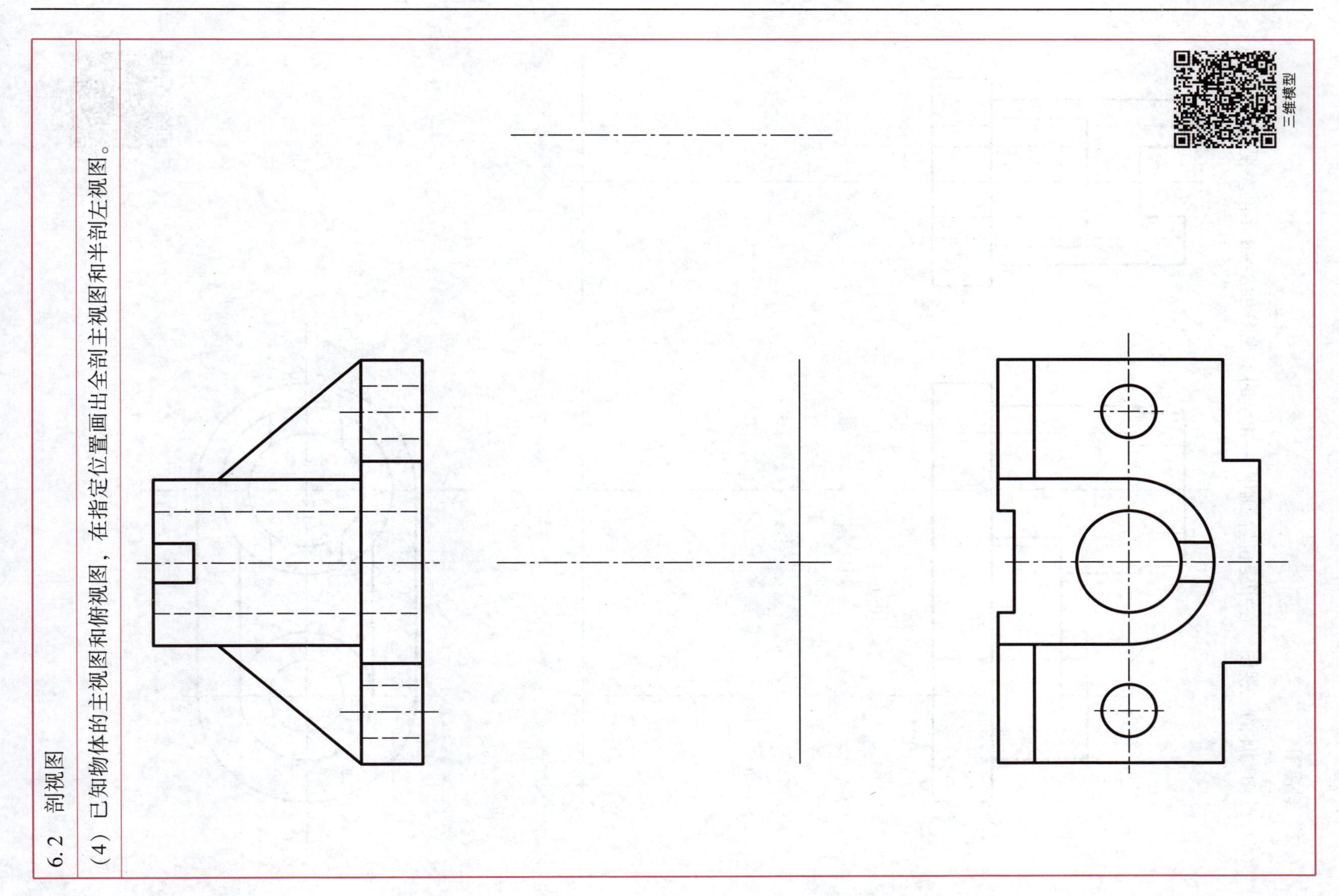

姓名：　　　　班级：　　　　学号：

6.2 剖视图

（5）已知物体的三视图，在指定位置画出 *A*—*A* 全剖主视图和 *B*—*B* 半剖左视图。

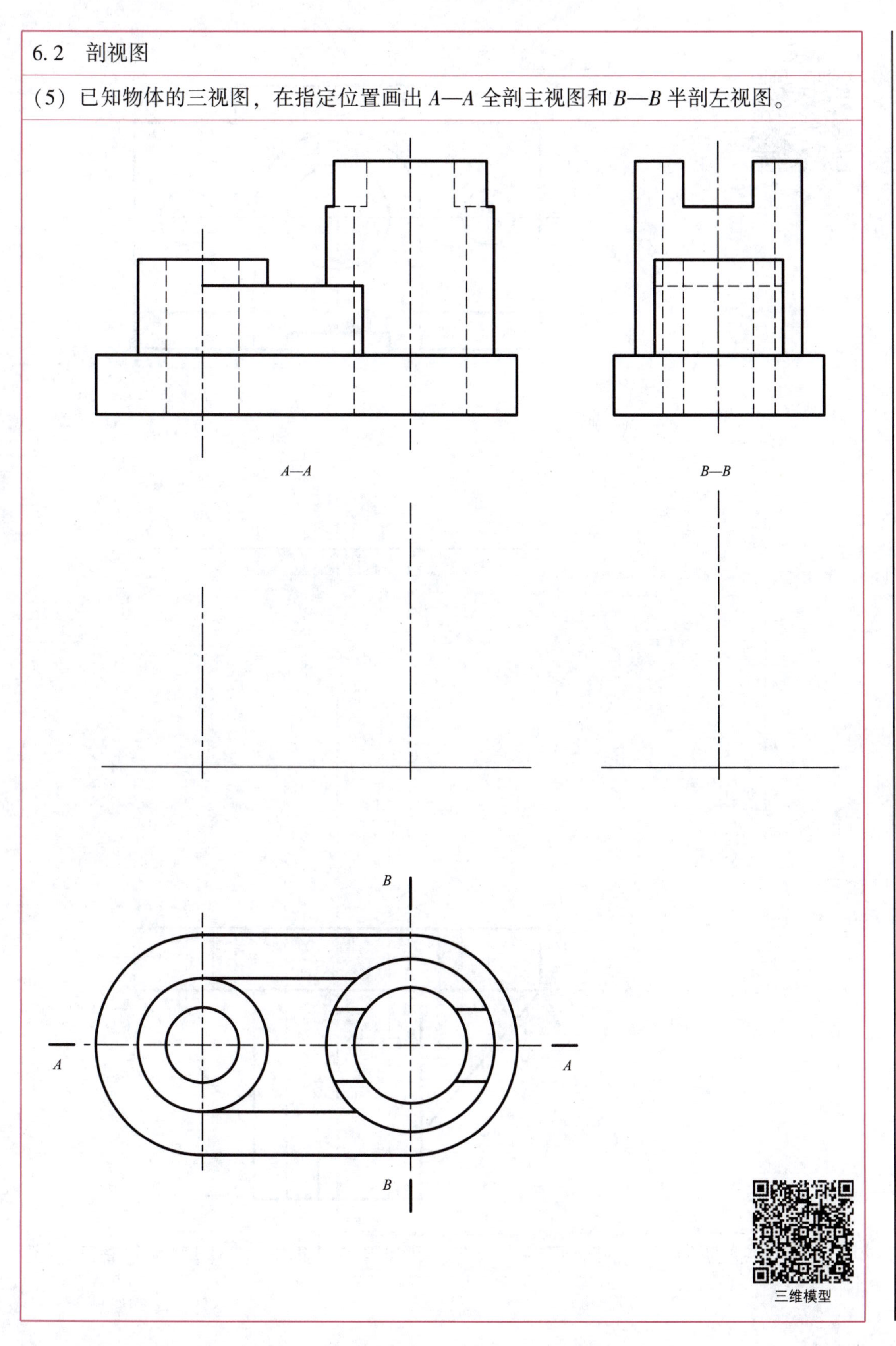

姓名：　　班级：　　学号：

6.2　剖视图

（6）已知物体的主视图和俯视图，在指定位置将主视图画成半剖视图，并画出全剖的左视图。

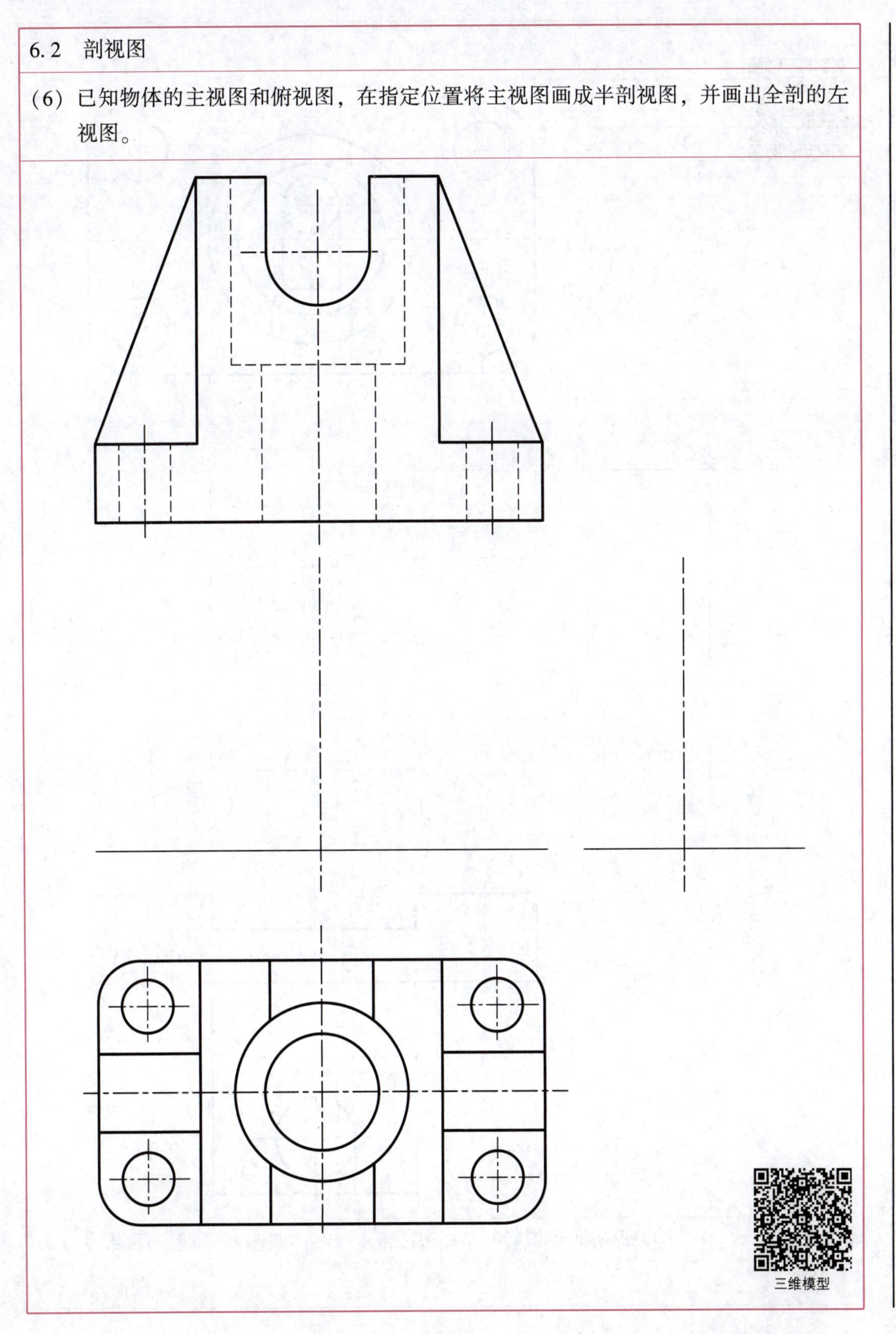

姓名：　　　　班级：　　　　学号：

6.2 剖视图

（7）在指定位置将主视图画成 *A*—*A* 半剖视图，并画出全剖的左视图。

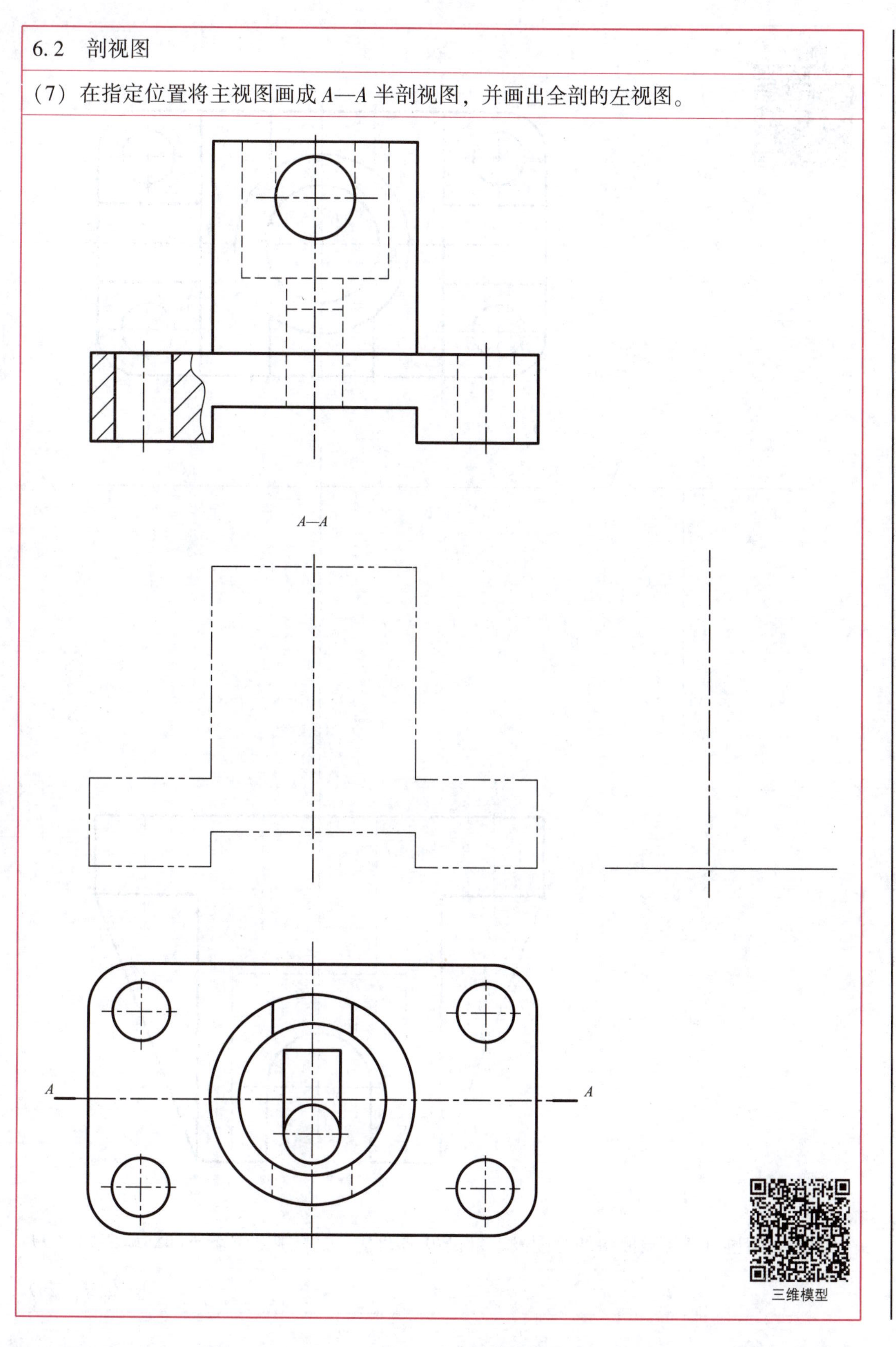

姓名：　　　　班级：　　　　学号：

6.2　剖视图

（8）已知物体的主视图和俯视图，将主视图画为 *B*—*B* 阶梯半剖视图，并画出 *A*—*A* 半剖左视图。

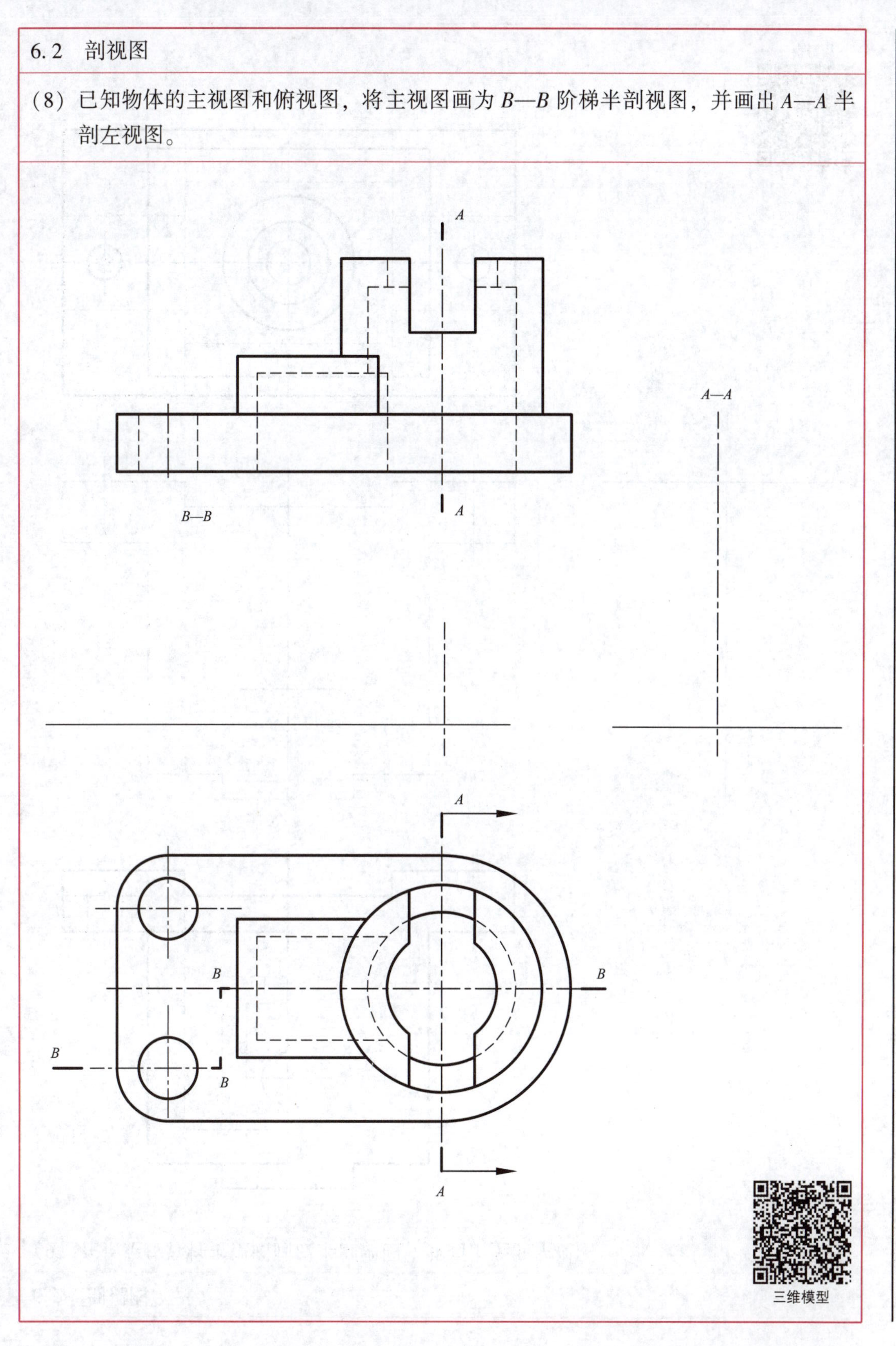

6.2 剖视图

(9) 在指定位置将主视图画成半剖视图，并画出全剖左视图。

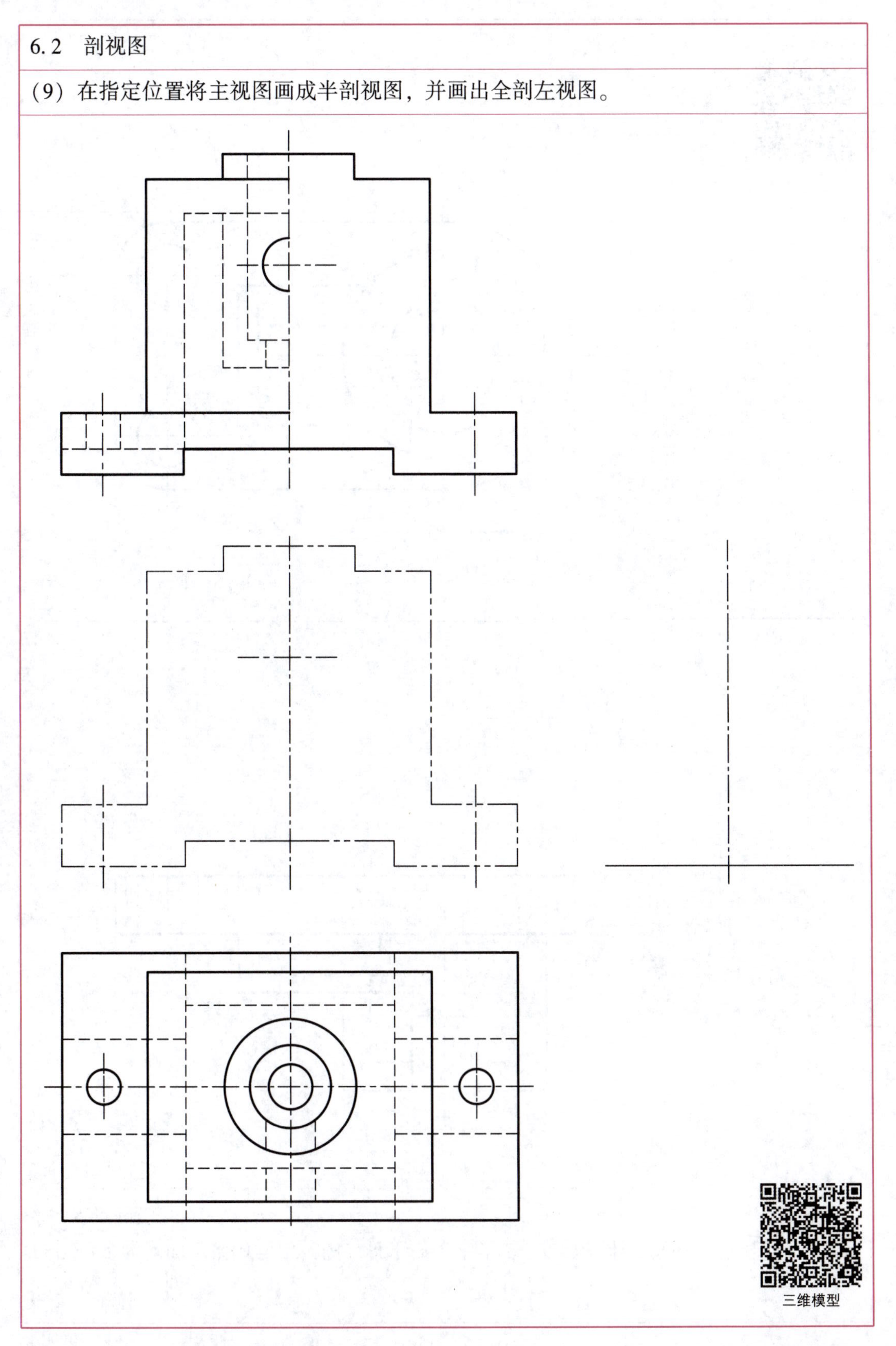

姓名：　　　　班级：　　　　学号：

6.2　剖视图

(10) 将主视图按旋转剖改画为全剖视图。

①

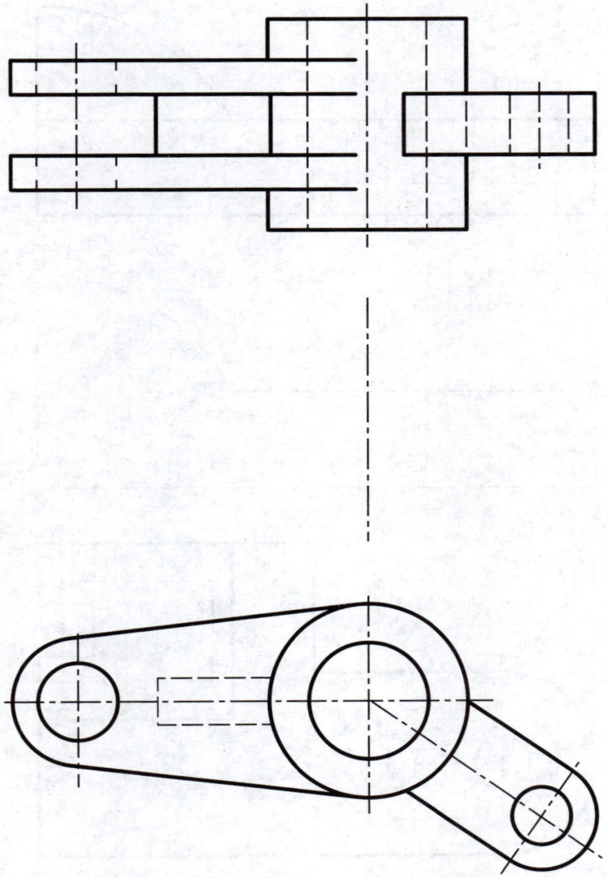

②

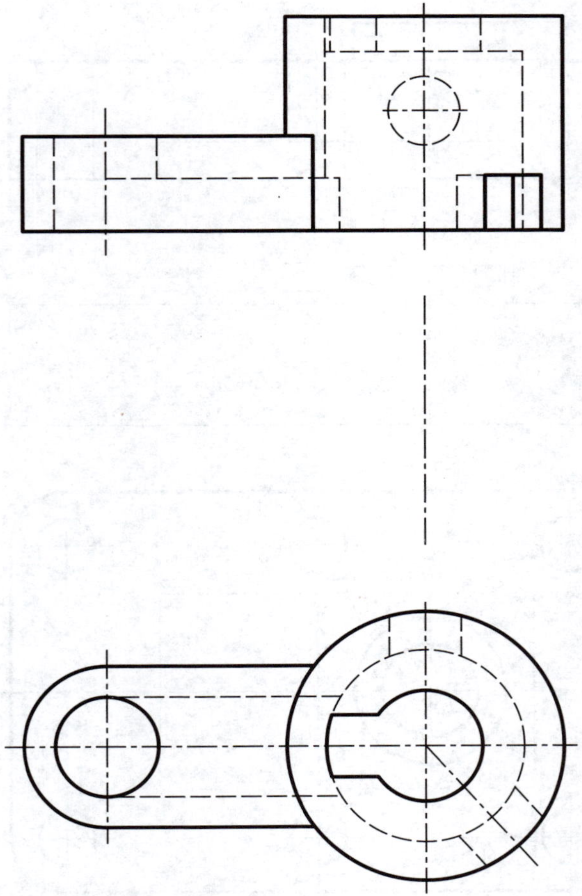

6.2 剖视图

(11) 将主视图按阶梯剖改画为全剖视图。

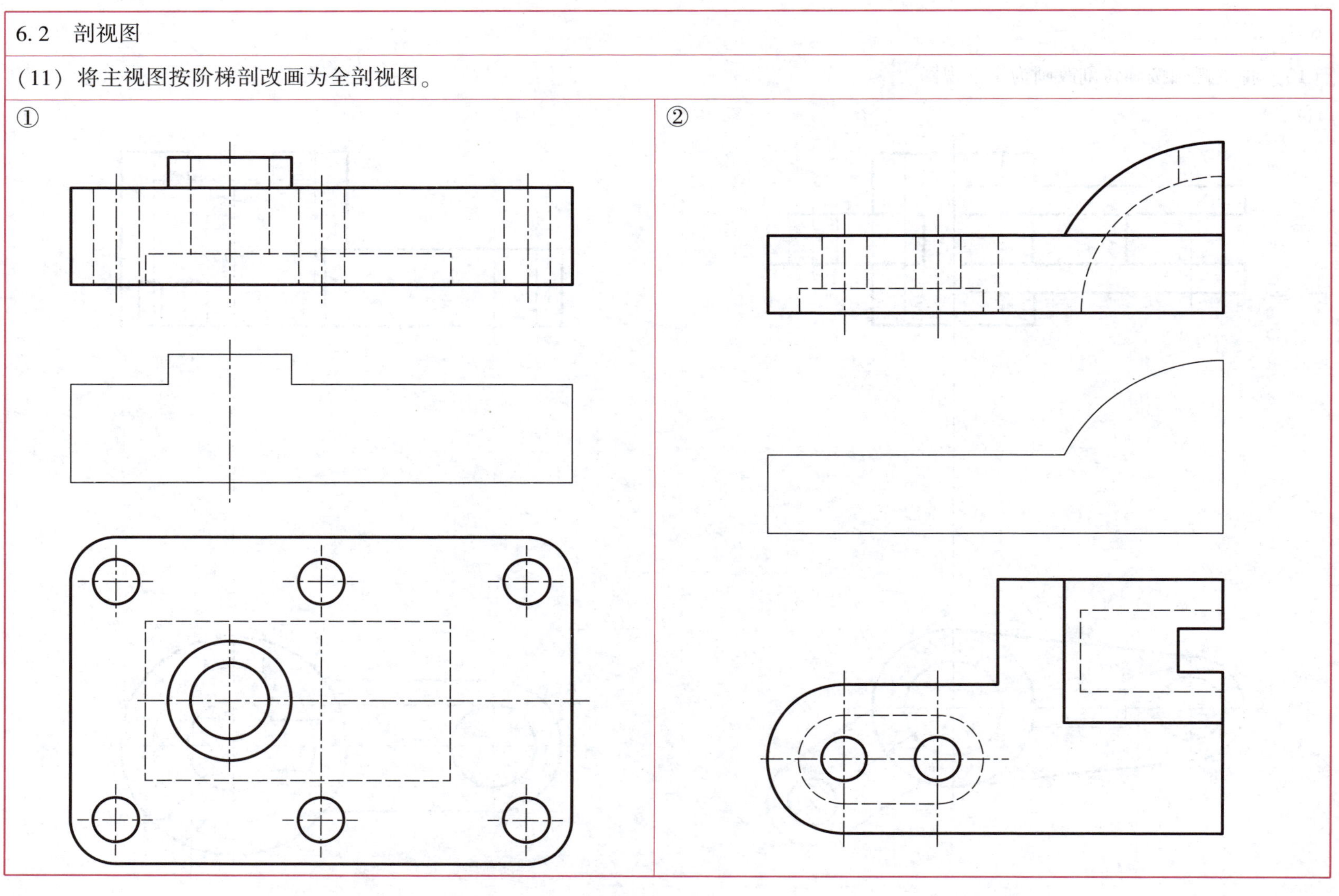

姓名： 班级： 学号：

6.2　剖视图

（12）指出下列剖视图中的错误，并将正确的剖视图画在指定的位置上。

①

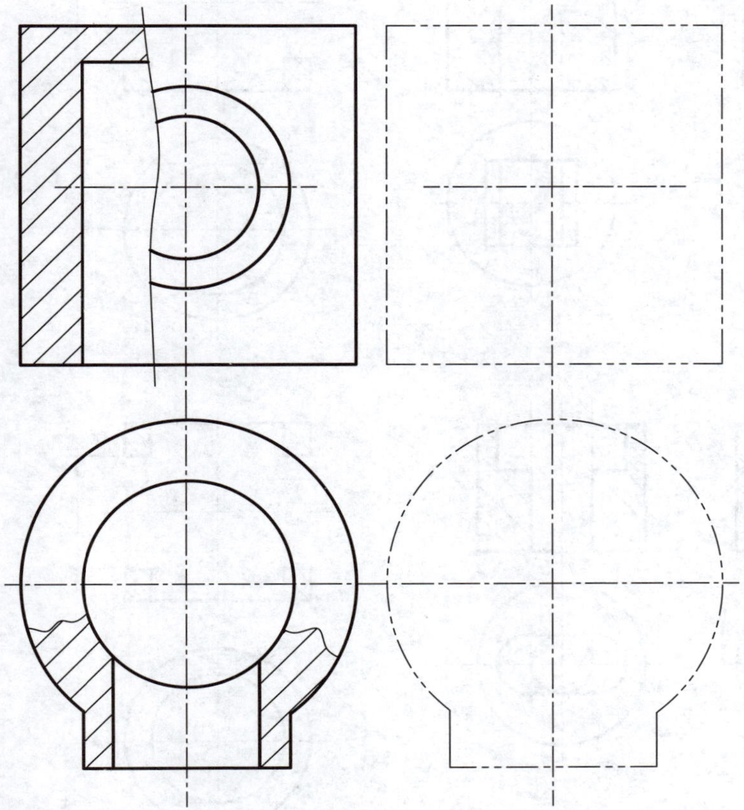

②

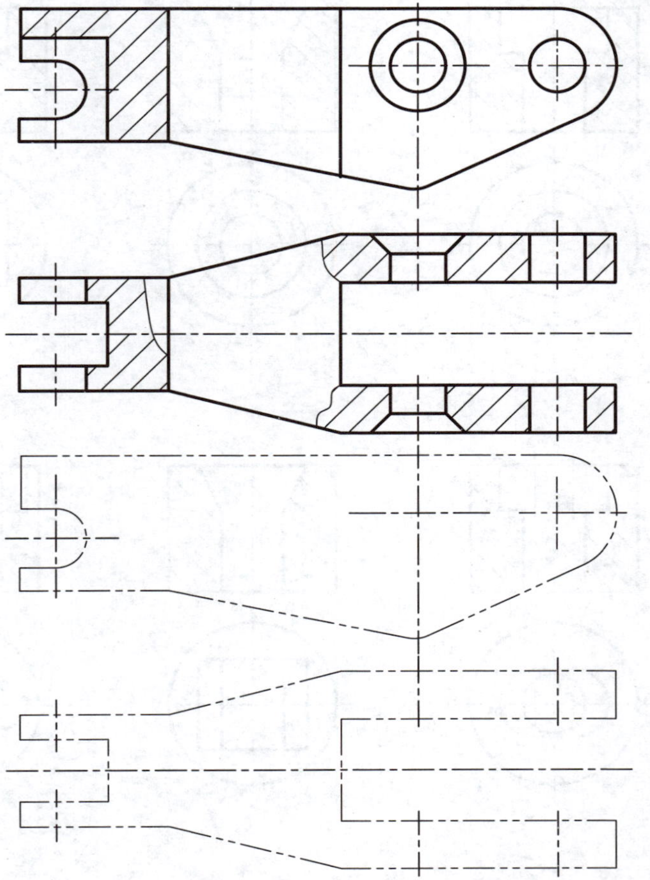

6.2 剖视图

(13) 根据零件的二视图，补画剖视图中漏画的图线。

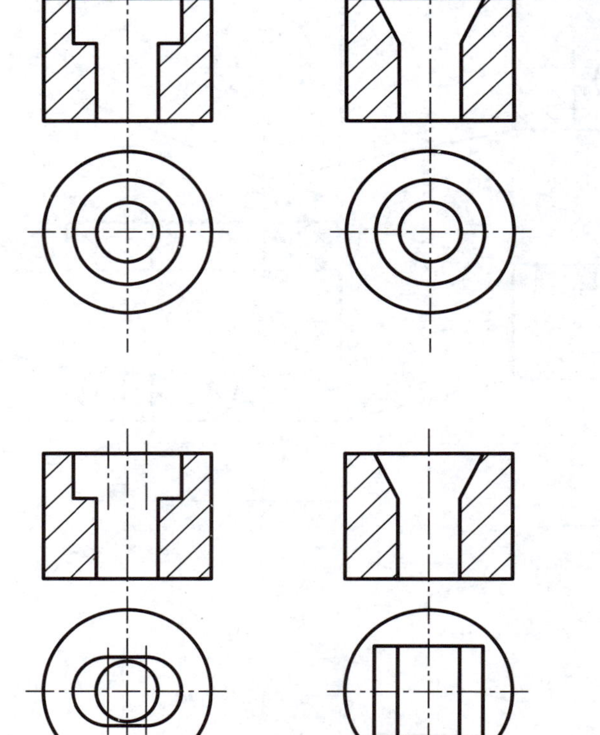
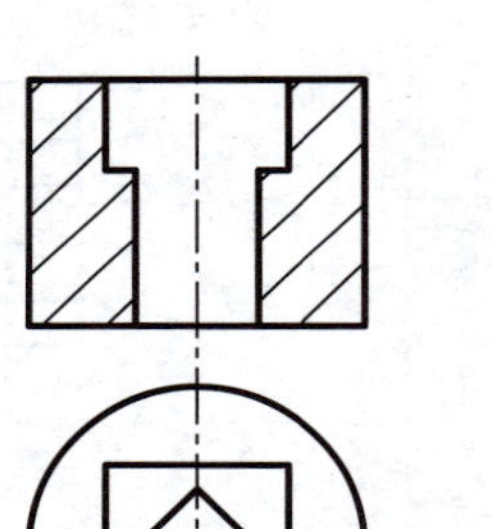
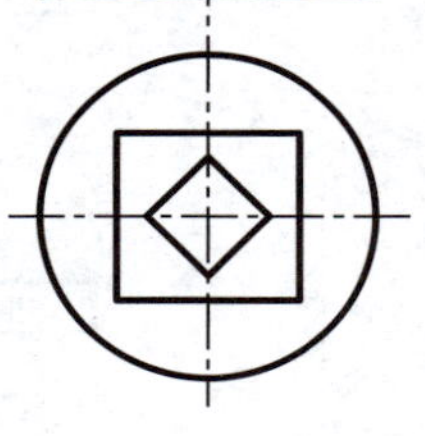
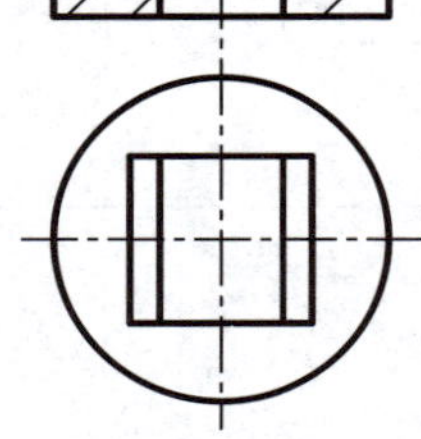
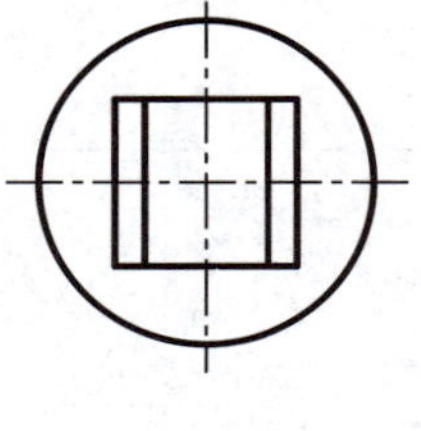
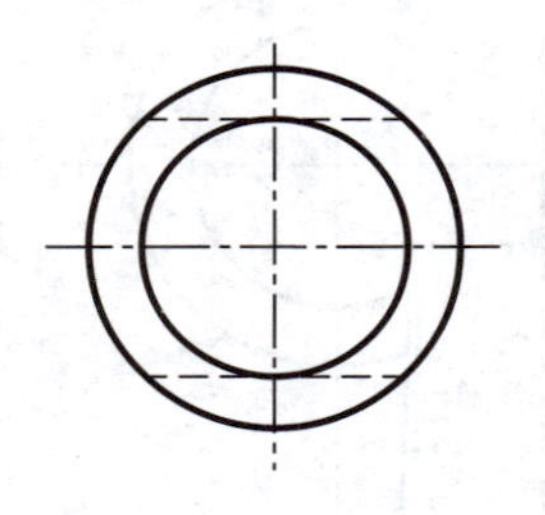

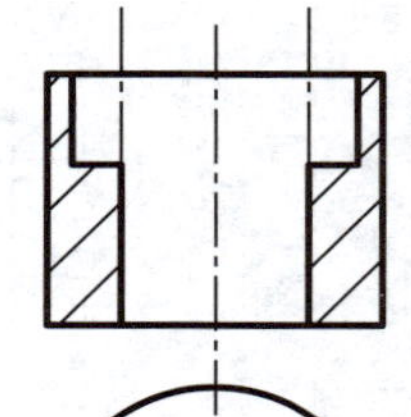
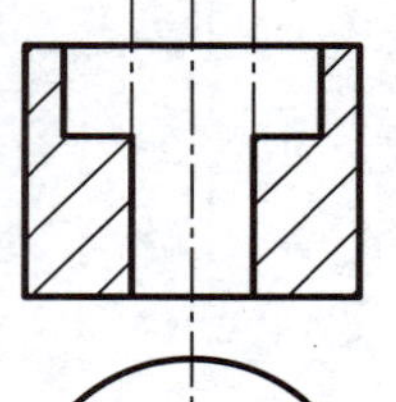
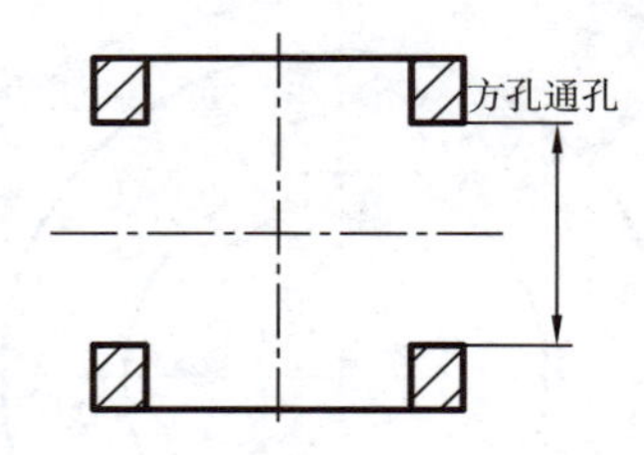

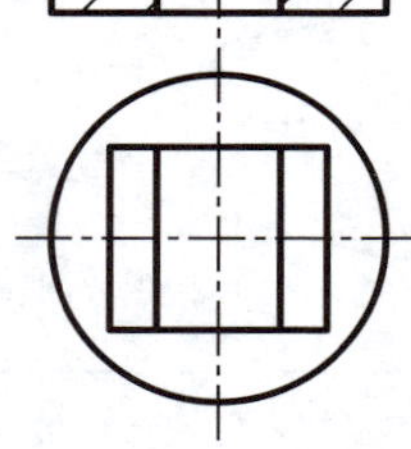
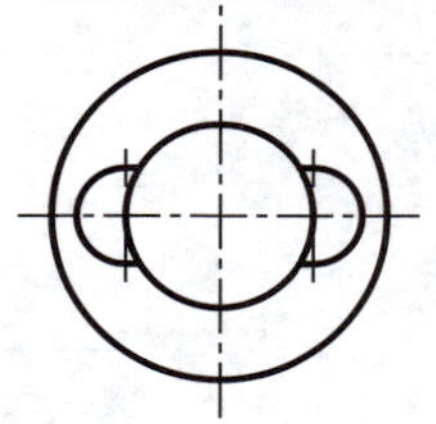
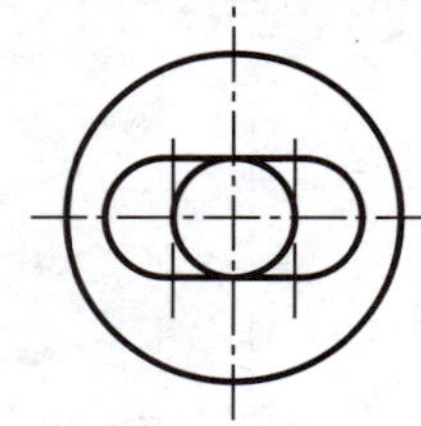
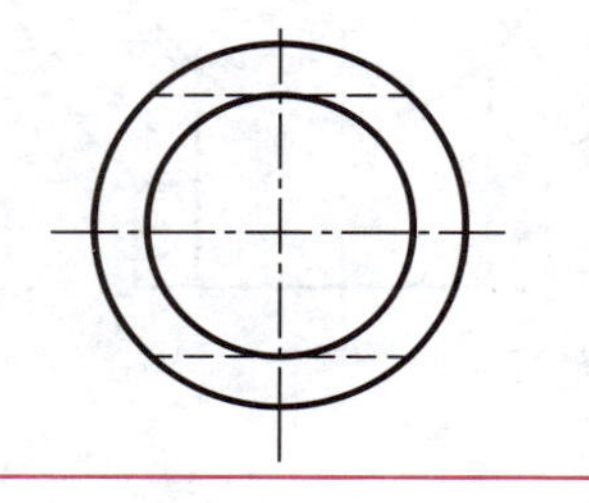

姓名：　　班级：　　学号：

6.2　剖视图

(14) 根据零件的二视图，补画剖视图中漏画的图线。

①

三维模型

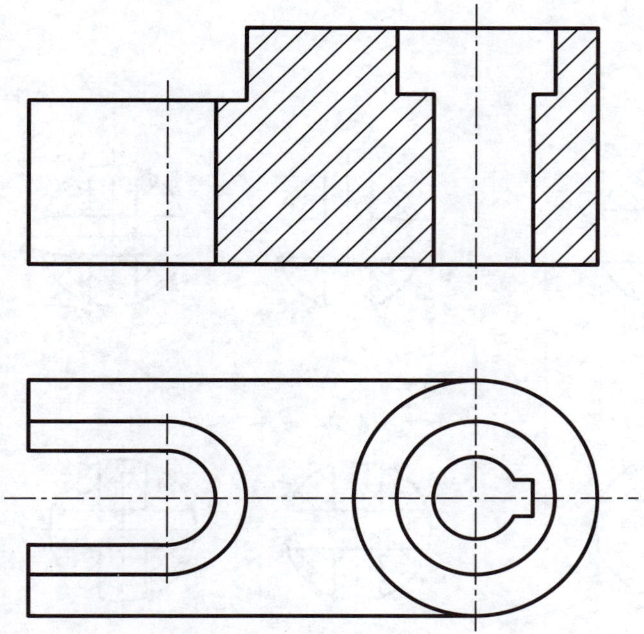

②

三维模型

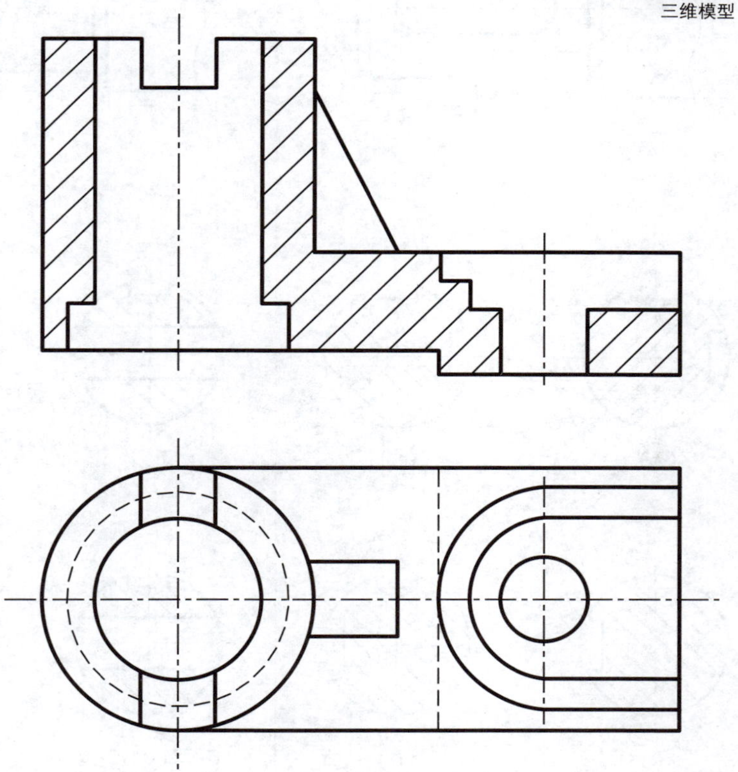

姓名：　　　　班级：　　　　学号：

6.3 断面图

(1) 请从下列选项中选择正确的断面图。

①

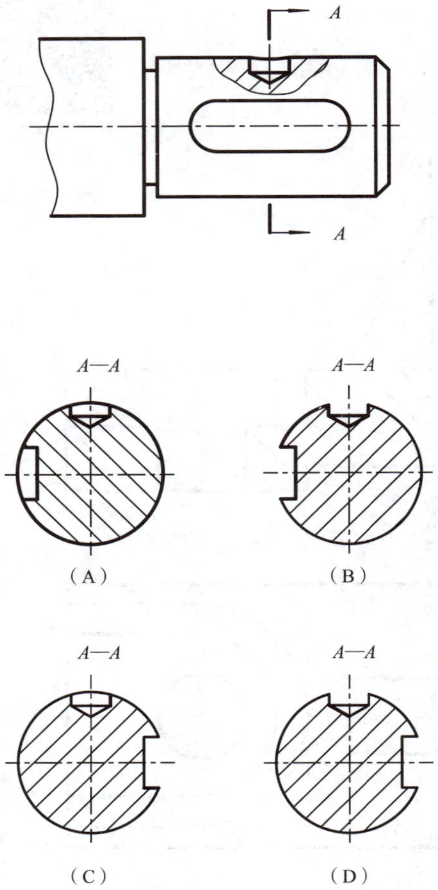

A
A

A—A
(A)
A—A
(B)
A—A
(C)
A—A
(D)

②

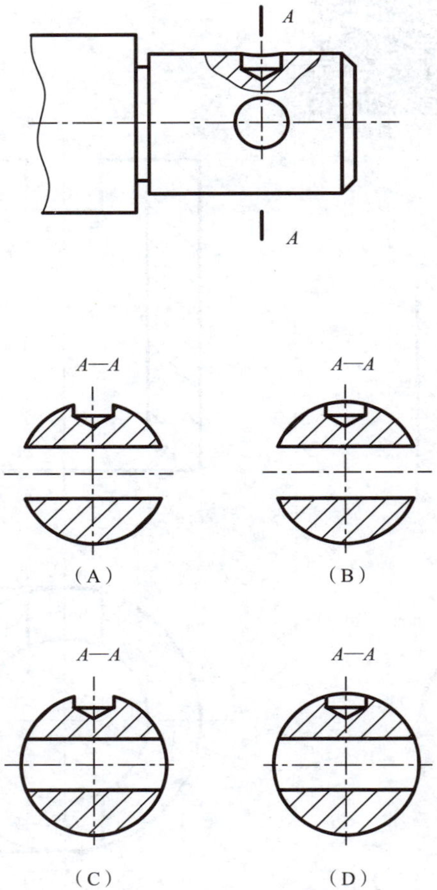

A
A

A—A
(A)
A—A
(B)
A—A
(C)
A—A
(D)

③

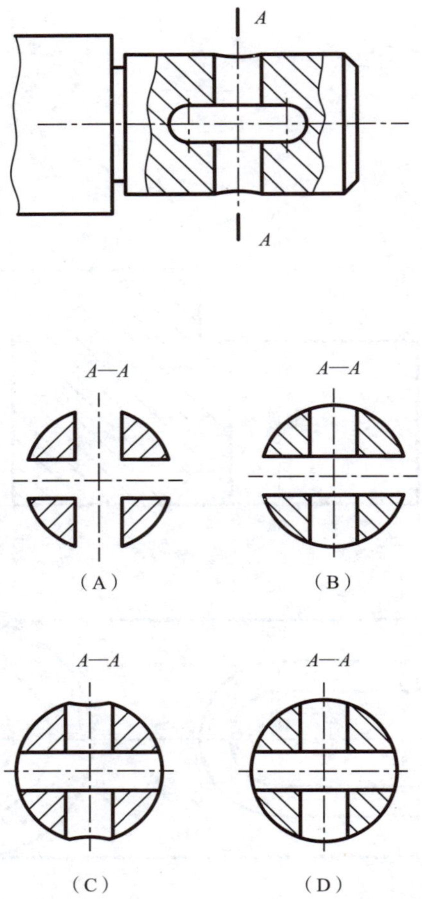

A
A

A—A
(A)
A—A
(B)
A—A
(C)
A—A
(D)

姓名：　　班级：　　学号：

6.3　断面图

（2）画出图中指定位置的移出断面图，并按规定正确标注，键槽深度为 5 mm。

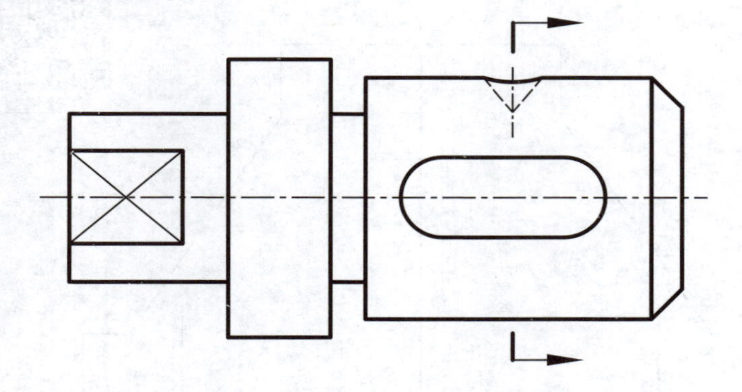

（3）画出图中指定位置的移出断面图，并按规定正确标注。

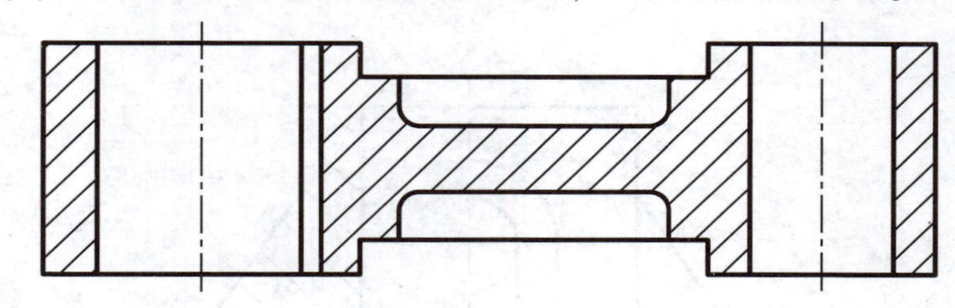

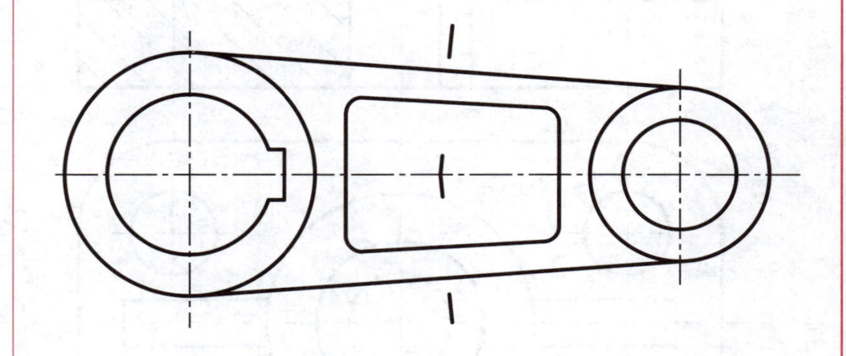

6.3 断面图

(4) 找出图中各种错误画法（投影及表达方法），并将正确的图形画在指定位置。

三维模型

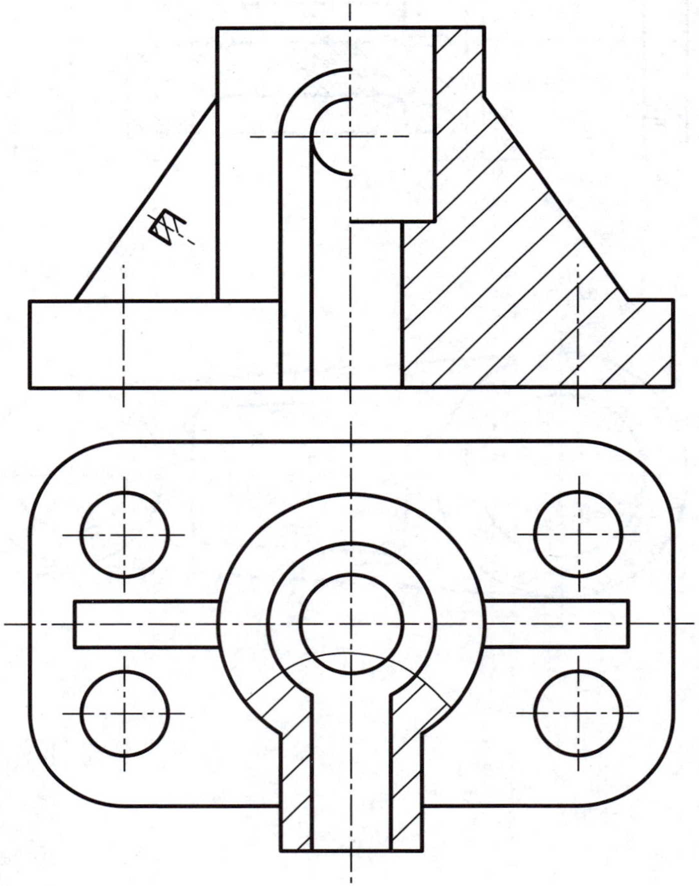

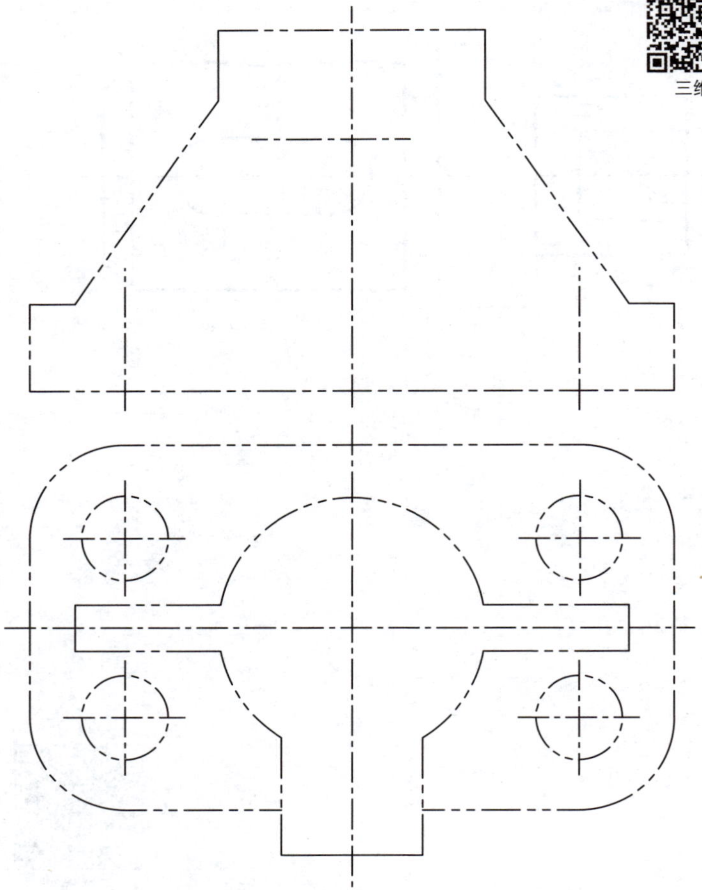

姓名： 班级： 学号：

6.4　表达方法综合练习

选用适当的表达方法将机件的内、外形结构表达清楚，绘制在 A3 图纸上并标注尺寸，尺寸从图中量取，图名为“剖视图”，比例为 2 : 1。

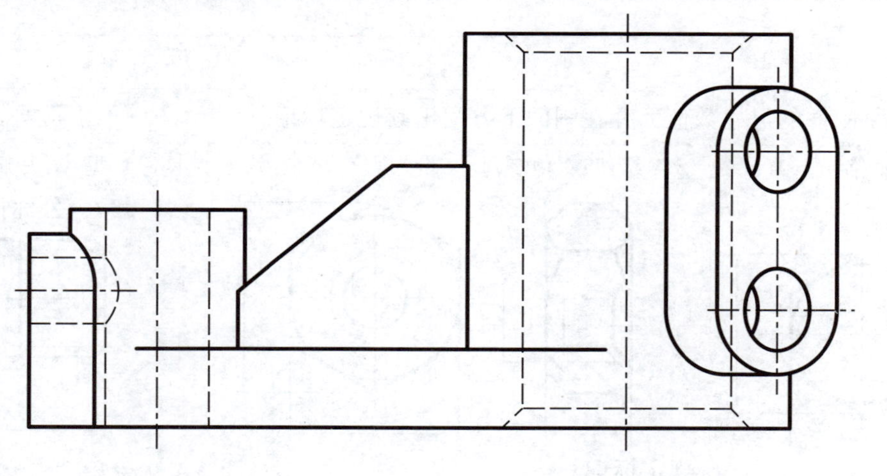

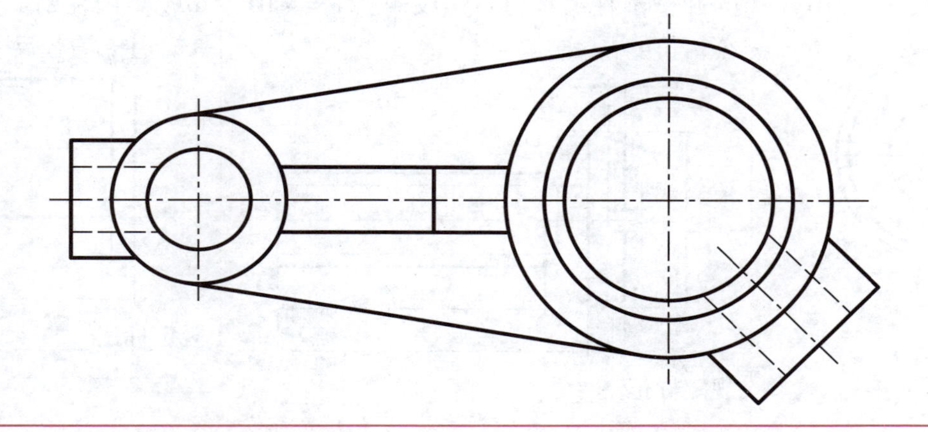

三维模型

姓名：　　班级：　　学号：

第 7 章　标准件和常用件

7.1　螺纹

（1）查表标注出下列各螺纹紧固件的尺寸数值，并在图的下方写出其规定标记。

①A 级六角头螺栓：螺纹规格 d = M12，公称长度 l = 30。

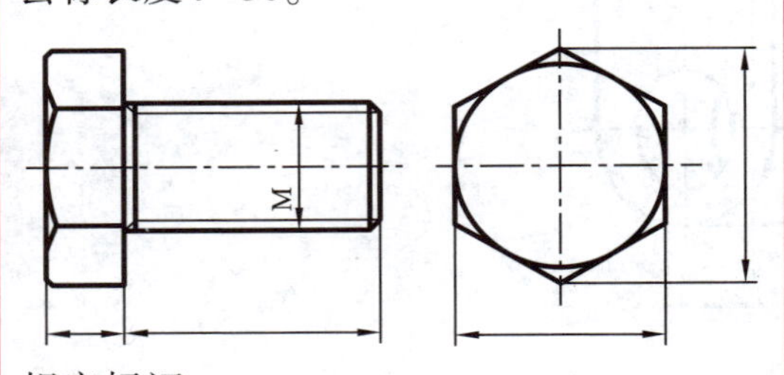

规定标记＿＿＿＿＿＿＿＿

②A 级Ⅰ型六角螺母：螺纹规格 d = M16。

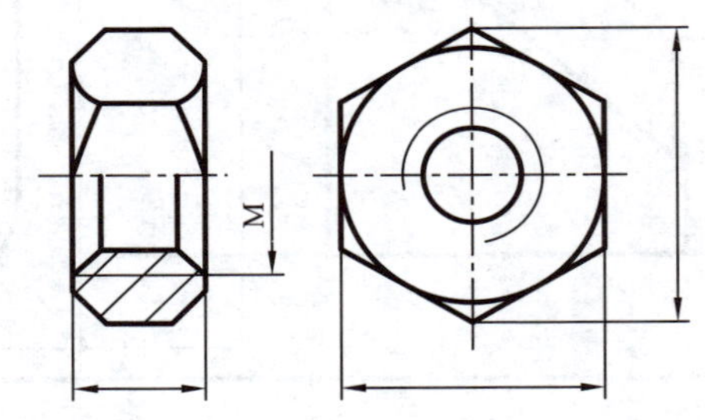

规定标记＿＿＿＿＿＿＿＿

③A 型双头螺柱：螺纹规格 d = M12，b = 1.25d，公称长度 l = 30。

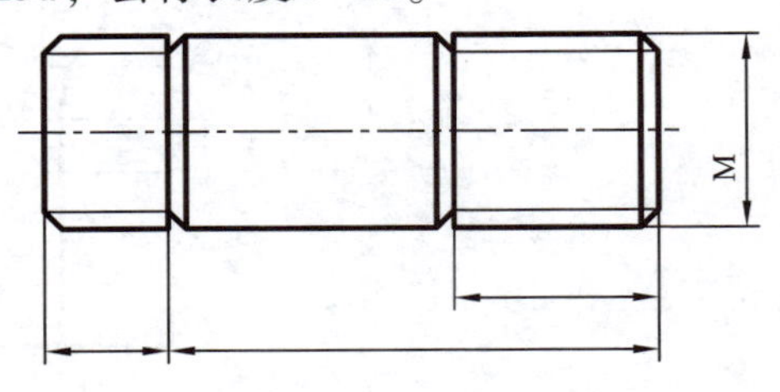

规定标记＿＿＿＿＿＿＿＿

④A 级倒角型平垫圈：公称尺寸 d = 16。

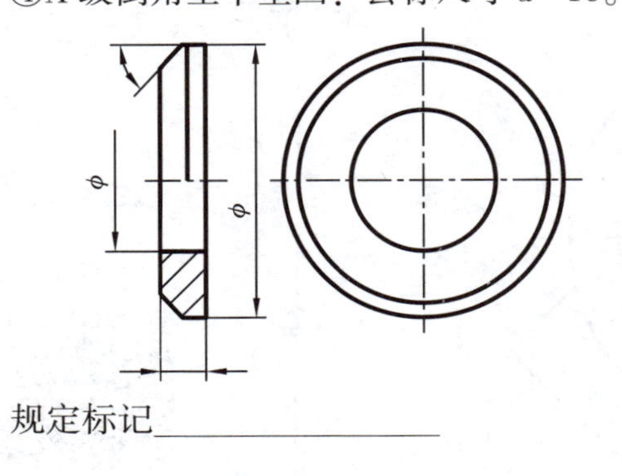

规定标记＿＿＿＿＿＿＿＿

⑤开槽圆柱头螺钉：螺纹规格 d = M10，公称长度 l = 45。

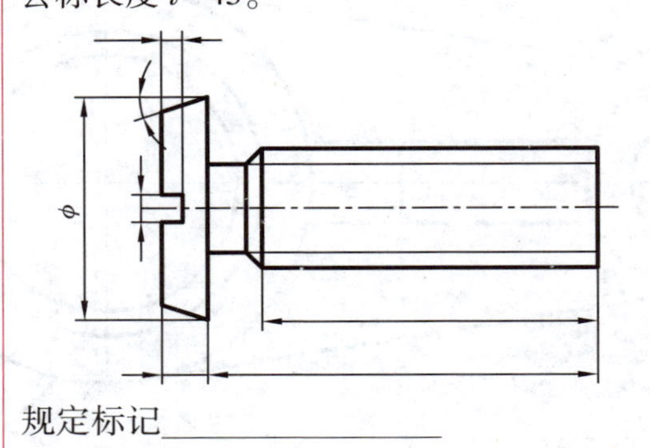

规定标记＿＿＿＿＿＿＿＿

⑥A 型圆柱销：公称直径 d = 16，长度 l = 35。注：直径尺寸须标注其直径公差代号。

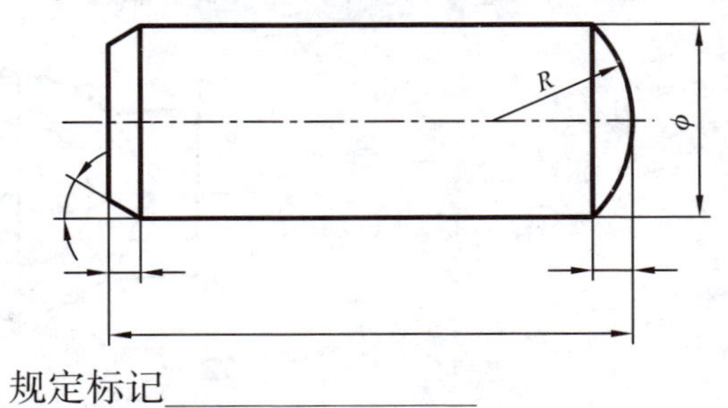

规定标记＿＿＿＿＿＿＿＿

姓名：　　　　班级：　　　　学号：

7.1　螺纹

（2）分析螺纹及螺纹连接画法中的错误，并在指定位置正确作图。

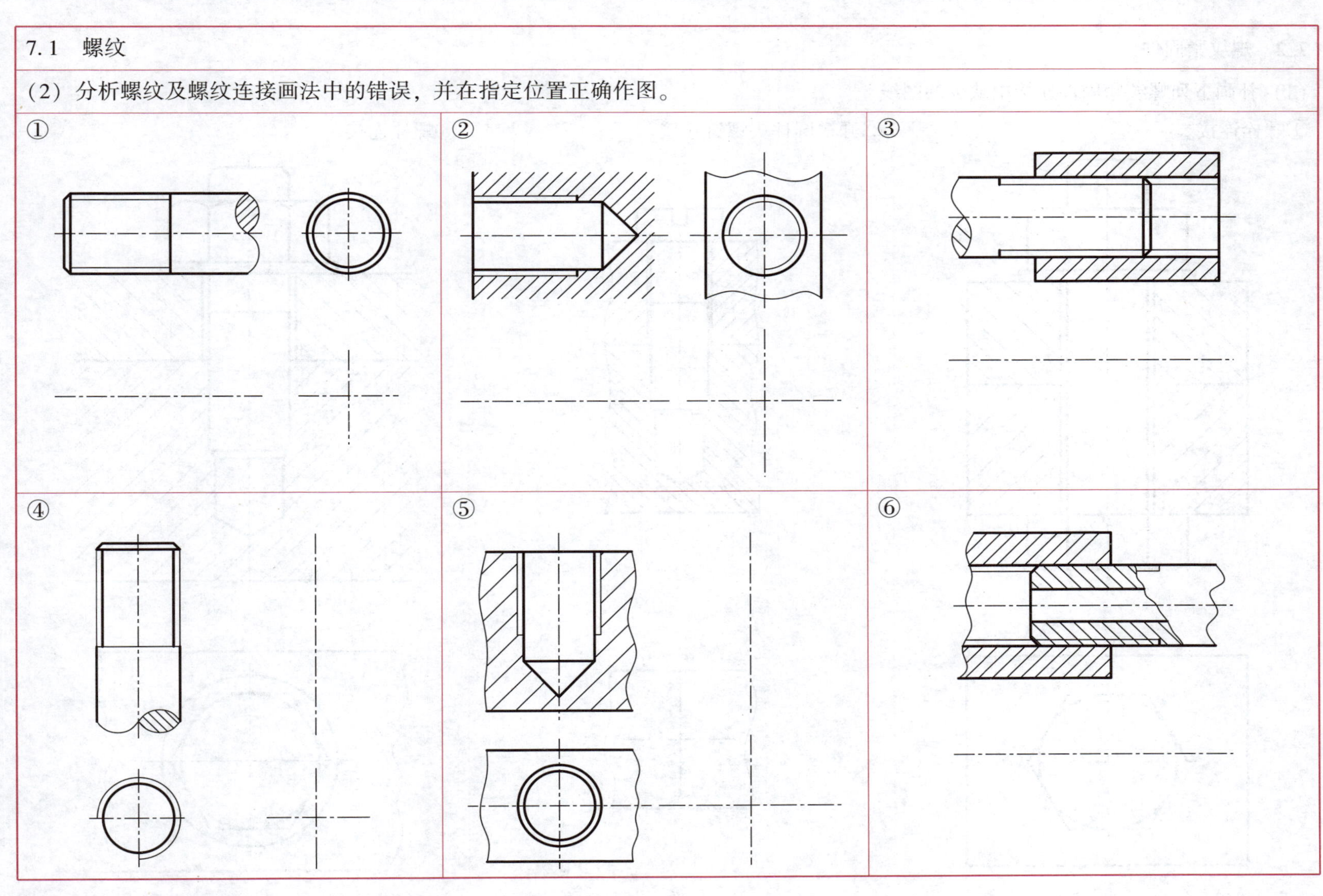

姓名：　　　　班级：　　　　学号：

7.2　螺纹紧固件

(1) 补画下列螺纹紧固件连接中缺少的图线。

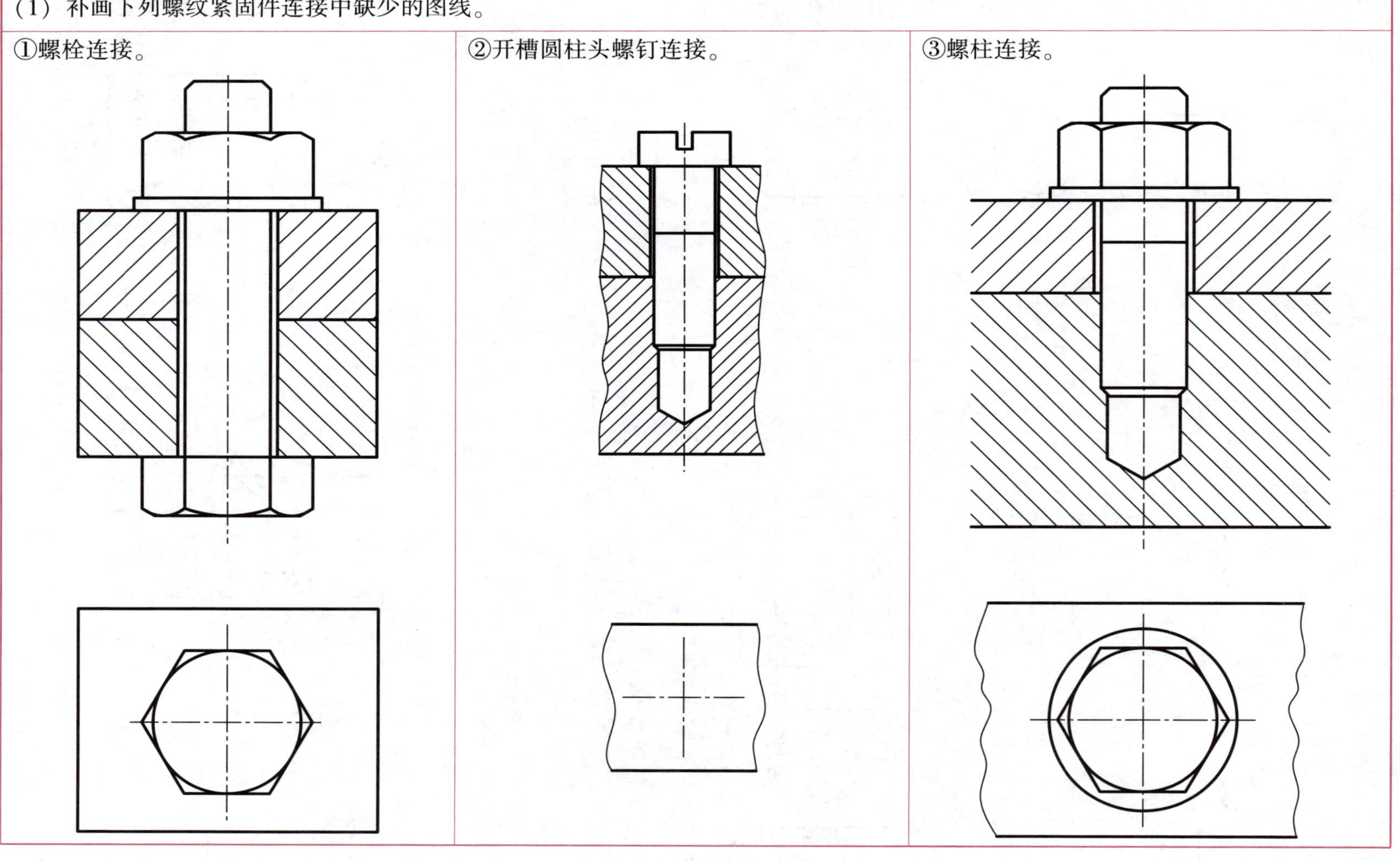

姓名：　　班级：　　学号：

7.2　连接作图练习

(2) 在 A3 图纸上以 1：1 的比例画出联轴器的连接装置，按要求装配各连接件，标准件的尺寸需查表确定，并用指引线标注各连接件的规定标记，图样上不标注尺寸。

三维模型

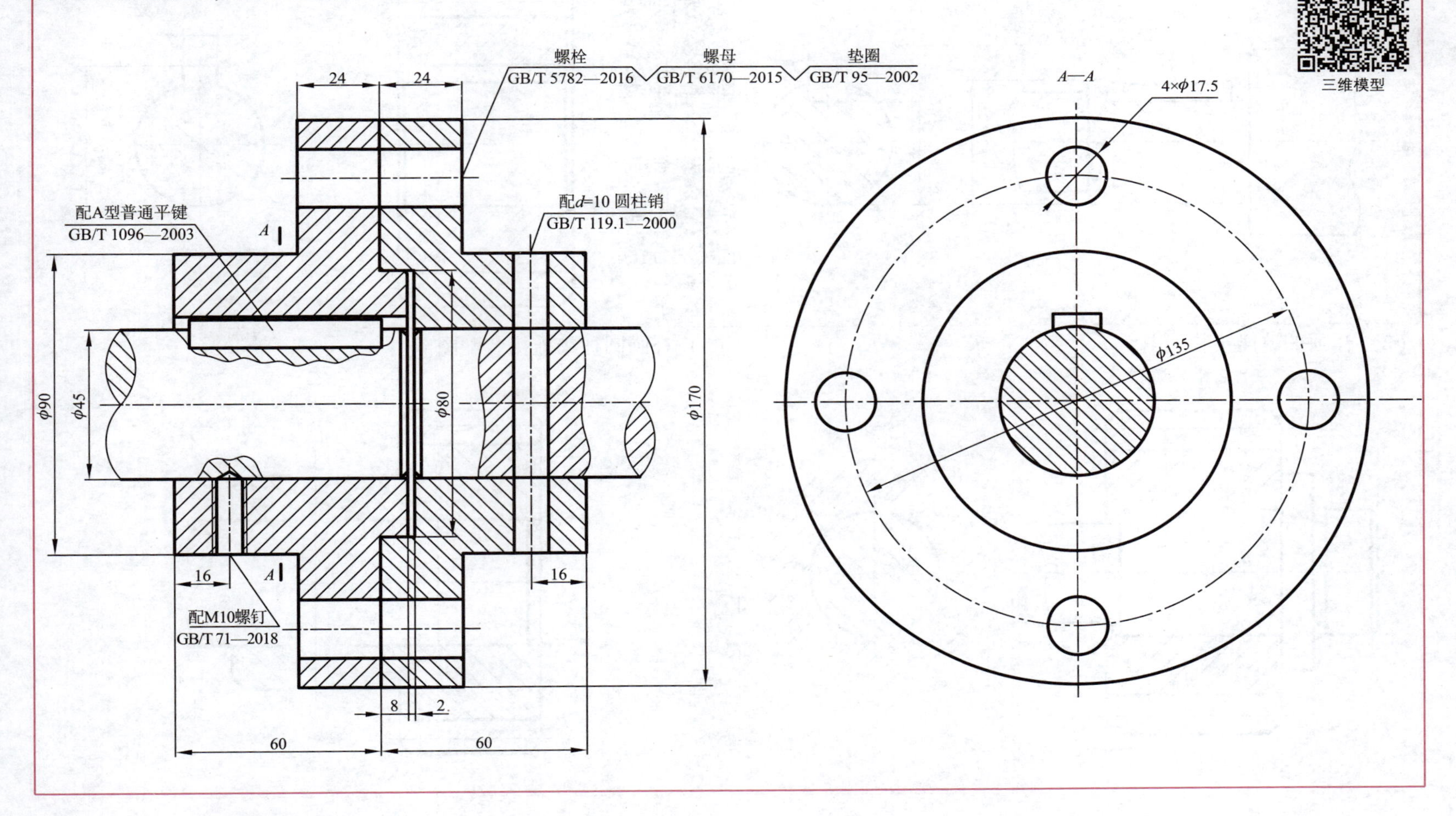

7.3 键和销

(1) 按轴径为 $\phi 20$ mm，从 GB/T 1096—2003《普通型 平键》中查出轴孔键槽的尺寸并填入图中。

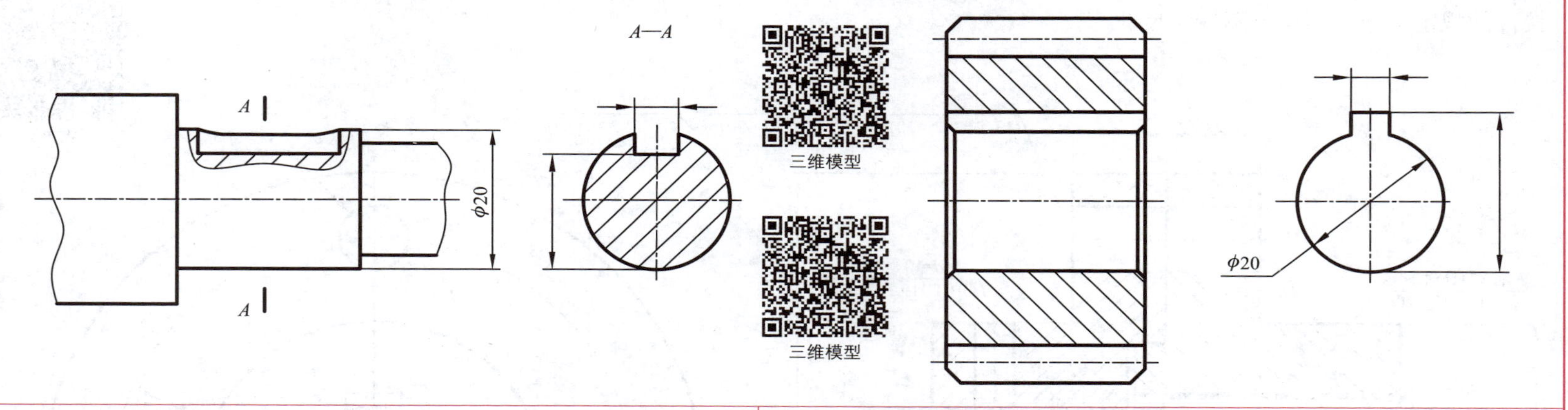

(2) 补画平键连接装配图。

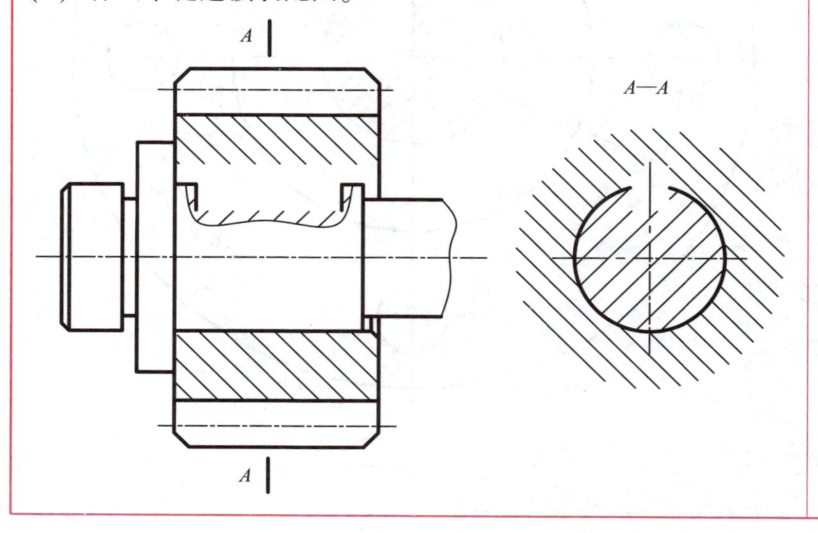

(3) 补画圆柱销连接装配图。

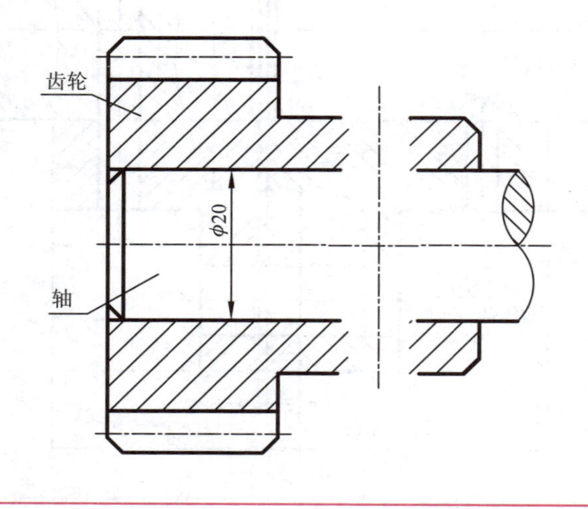

姓名：　　班级：　　学号：

7.4　滚动轴承、弹簧

（1）用规定画法画出 6205 轴承（右端面紧靠轴肩 *A*）。

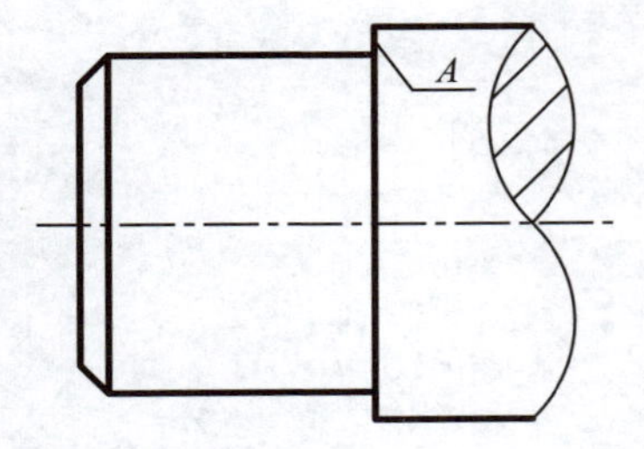

（2）已知圆柱螺旋压缩弹簧部分主视图（节距 $t = 14$ mm），补画弹簧的全剖主视图。

7.5 齿 轮

看懂齿轮的零件图，对其表达方法、投影、尺寸标注及技术要求等进行全面分析。

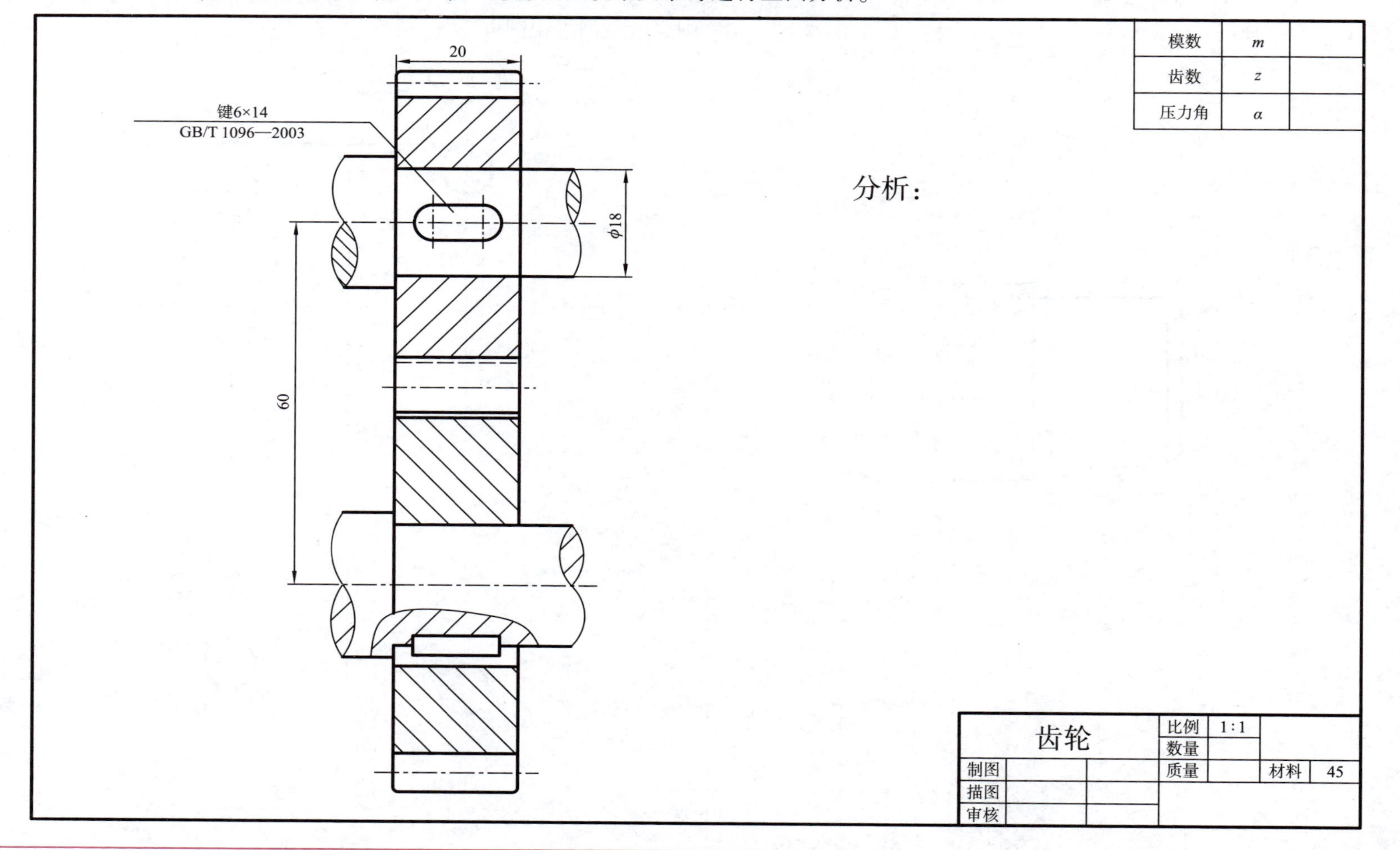

姓名： 班级： 学号：

第8章　零件图

8.1　表面粗糙度

（1）在指定的表面上标注出表面粗糙度代号。

①轮齿工作面和轴孔为$\sqrt{Ra\ 3.2}$。

②键槽两侧面为$\sqrt{Ra\ 6.3}$，顶面为$\sqrt{Ra\ 12.5}$。

③轮齿两端面及倒角为$\sqrt{Ra\ 12.5}$。

④其余表面要求不去除材料。

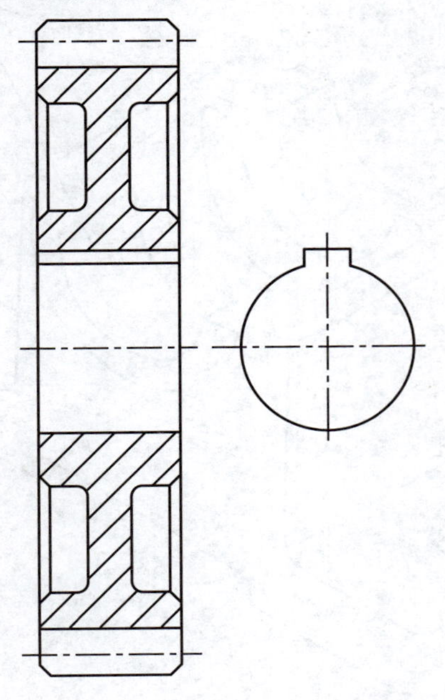

（2）指出第一张图中表面粗糙度标注的错误，并在第二张图中标注出正确的表面粗糙度。

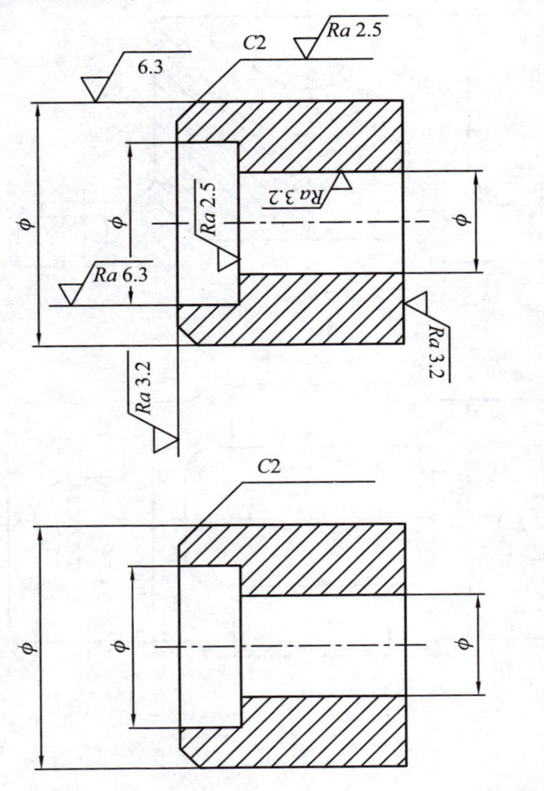

8.1 表面粗糙度

（3）根据表中给定的表面粗糙度参数值，在视图表面中标注出相应的表面粗糙度代号。

表　面	A、B	C	D	E、F、G	其他
表面粗糙度代号	√Ra 6.3	√Ra 1.6	√Ra 3.2	√Ra 12.5	√（√）

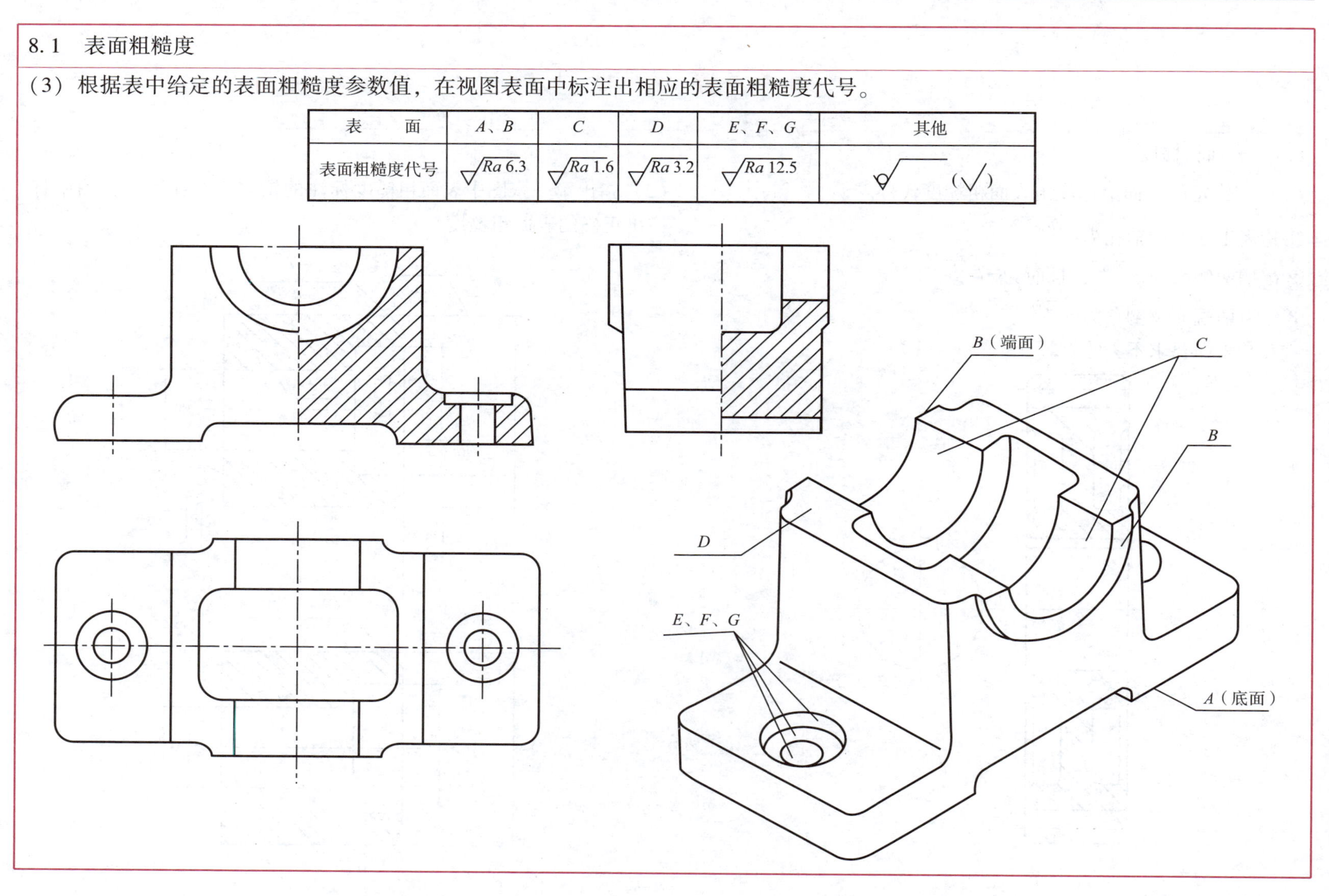

姓名：　　班级：　　学号：

8.2　极限与配合

（1）根据配合代号，查表分别在零件图中标注出孔和轴的公称尺寸及偏差值。

①　②　③

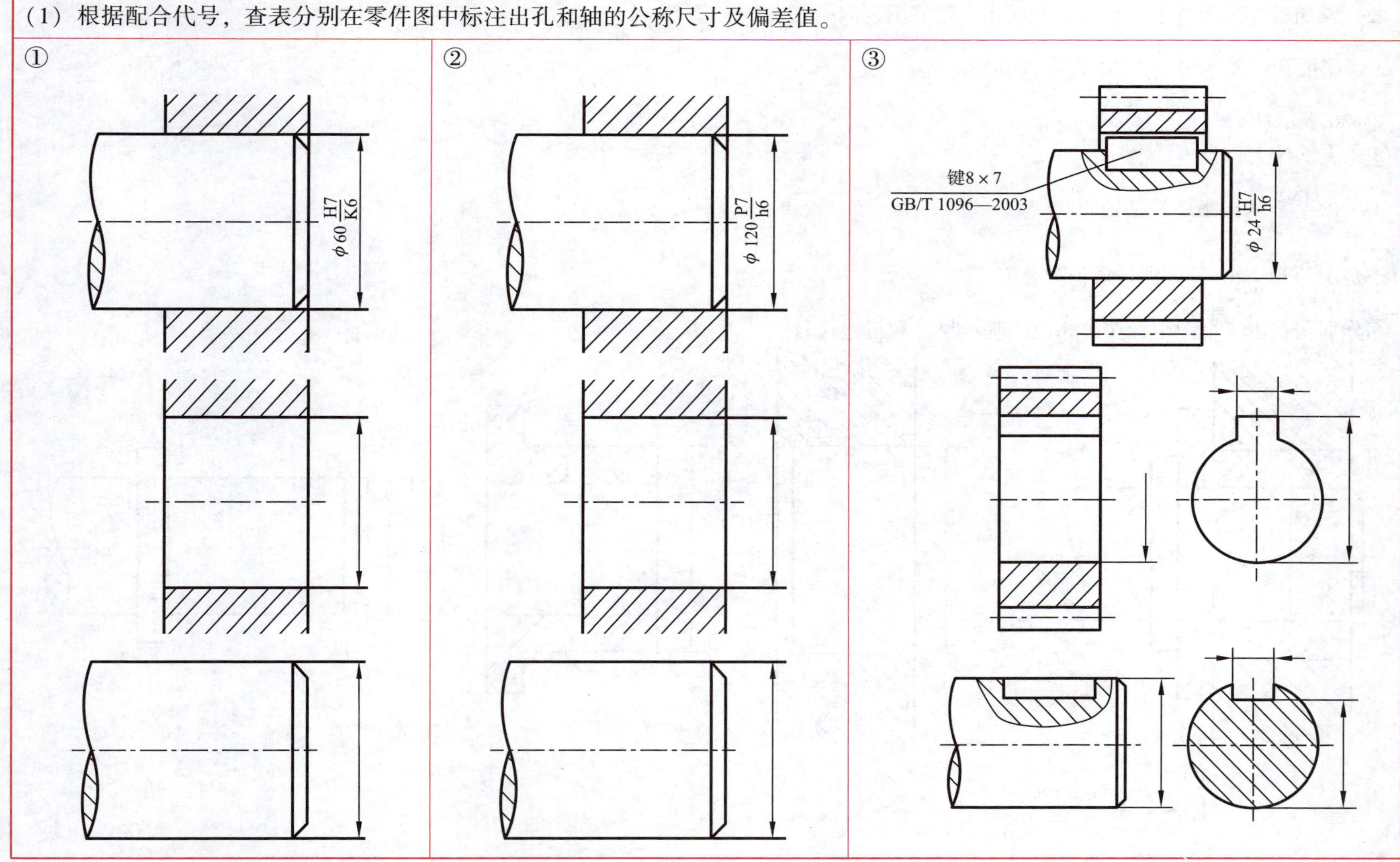

姓名：　　　　班级：　　　　学号：

8.2 极限与配合

（2）某组件中的零件配合尺寸如图所示，回答下列问题。

①说明配合尺寸 $\phi 30\ \frac{H8}{h7}$ 的意义。

②$\phi 30$ 表示什么？

③H 表示什么？

④$\phi 30\ \frac{H8}{h7}$ 是基孔制还是基轴制？

⑤$\phi 30\ \frac{H8}{h7}$ 和 $\phi 20\ \frac{H7}{s6}$ 分别是哪种配合？

⑥分别在右边三个图中标注出相应的基本尺寸和偏差代号。

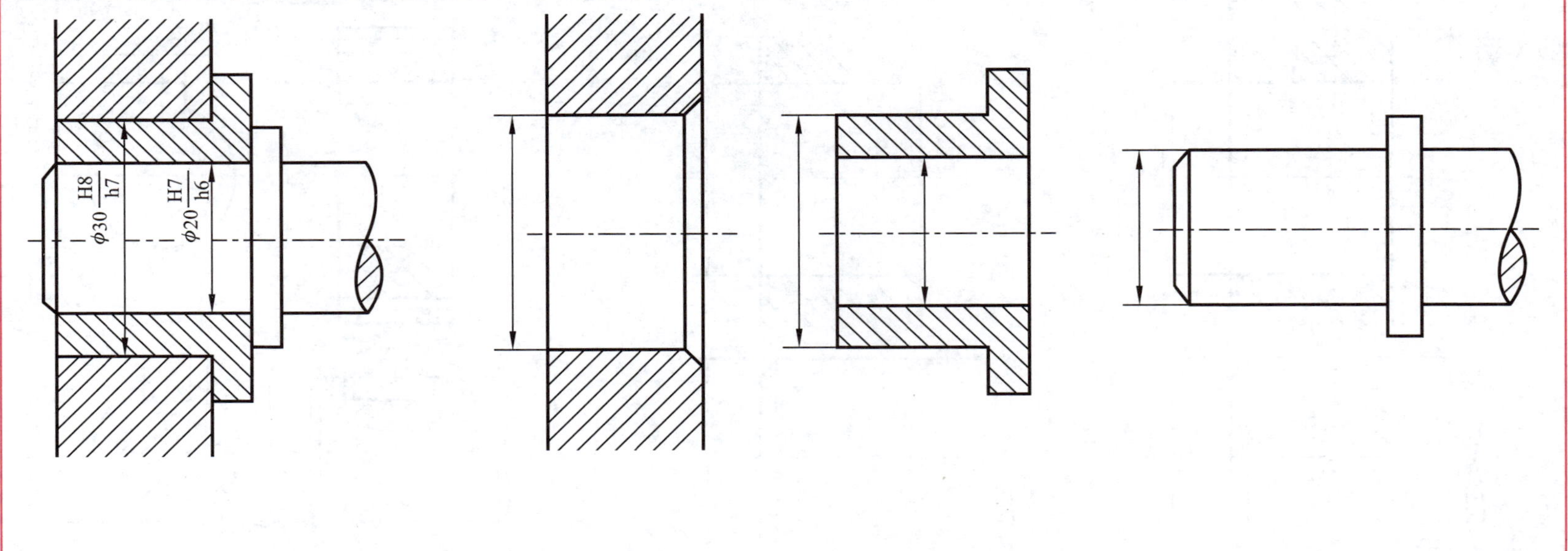

姓名：　　　　班级：　　　　学号：

8.2　极限与配合

（3）根据配合代号，查表分别在零件图中标注出孔和轴的公称尺寸及极限偏差值。

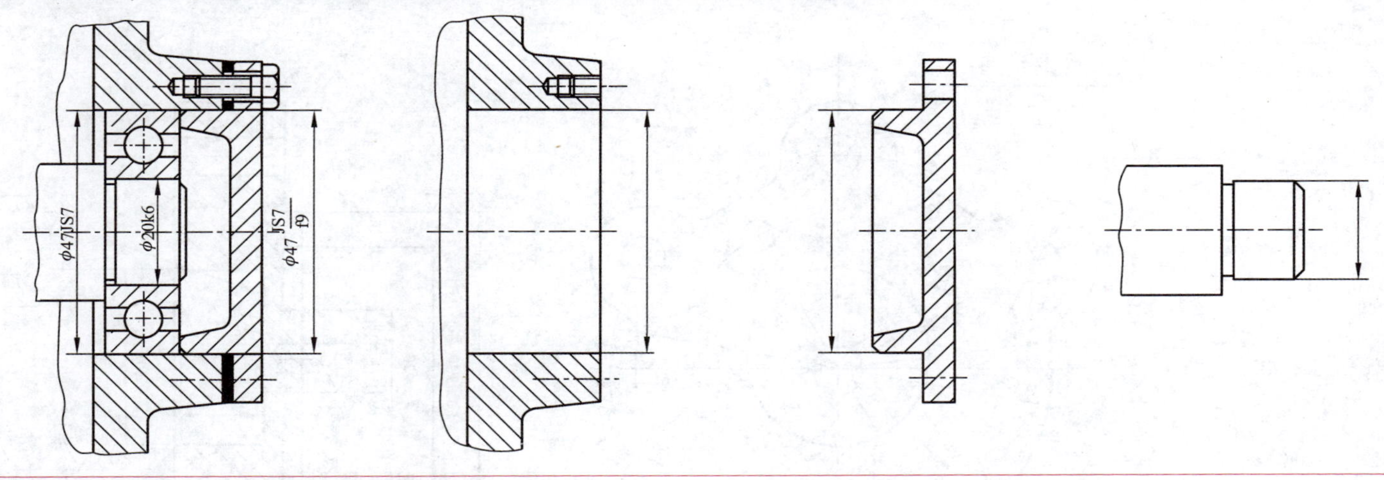

（4）根据图（A）、（B）、（C）标注出图（D）的配合尺寸。

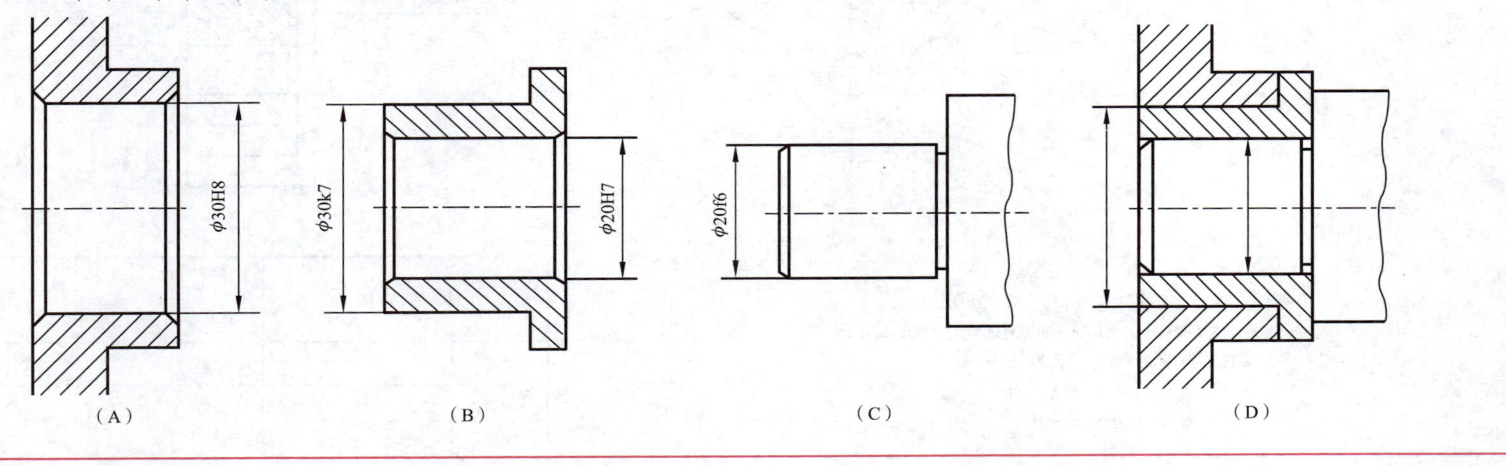

（A）　（B）　（C）　（D）

8.3 几何公差

将零件图中几何公差的要求用代号标注在图上。

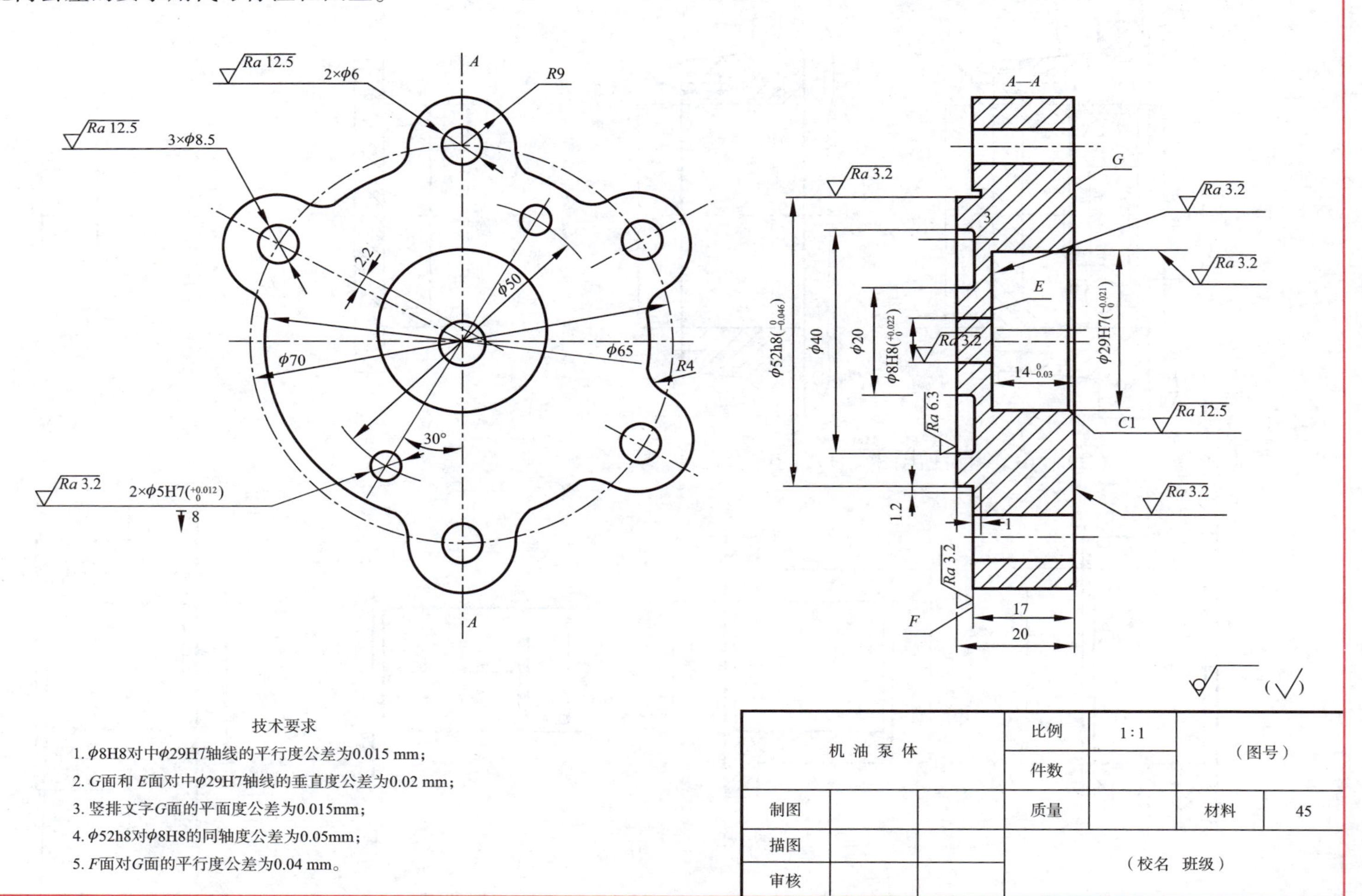

姓名： 班级： 学号：

8.4　读零件图

(1) 读泵盖零件图，回答下列问题。

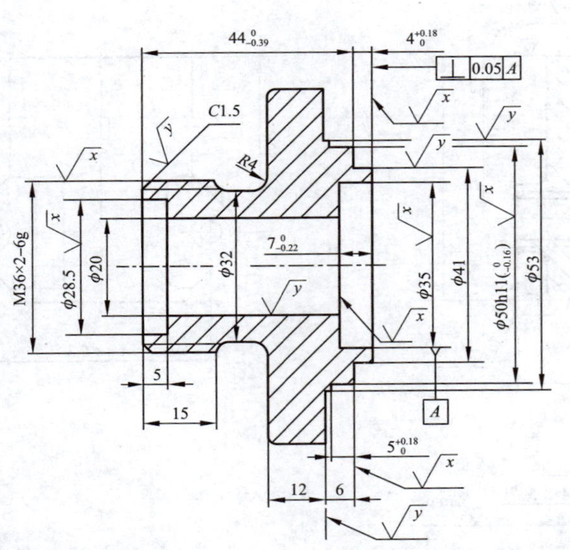

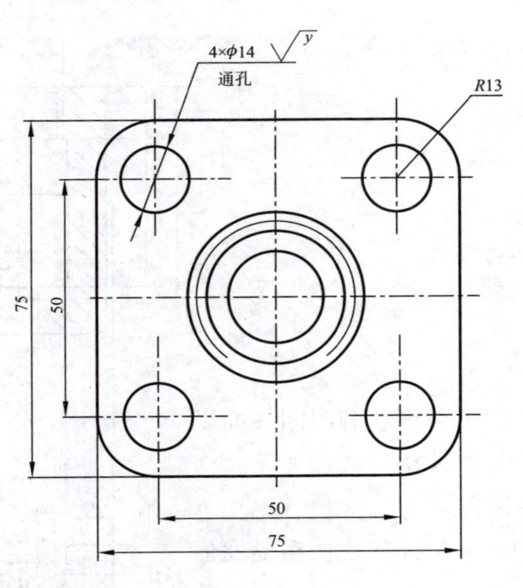

①该零件在四类典型零件中属于________类零件，零件上四个通孔的直径是________。

②零件左边的外螺纹的公称直径为________，是________螺纹（填写粗牙或细牙），螺距为________。

③有公差要求的尺寸有________个，未注圆角的尺寸是________。

④泵盖的径向尺寸基准是________（也可以在图中标注，但需注明“见图”）。

⑤泵盖右端面的表面粗糙度代号中的 Ra 值是________。

⑥ϕ50h11 尺寸的上极限偏差是________，下极限偏差是________，尺寸公差为________。

技术要求

未注圆角 $R2\sim R3$。

$\sqrt{y}$ = $\sqrt{Ra\ 6.3}$

$\sqrt{x}$ = $\sqrt{Ra\ 12.5}$

$\sqrt{}$ ($\sqrt{}$)

泵盖		比例	1:1		
		件数	1		
制图		质量		材料	45
描图		（校名　班级）			
审核					

8.4 读零件图

（2）读柱塞泵泵体的零件图，回答下列问题。

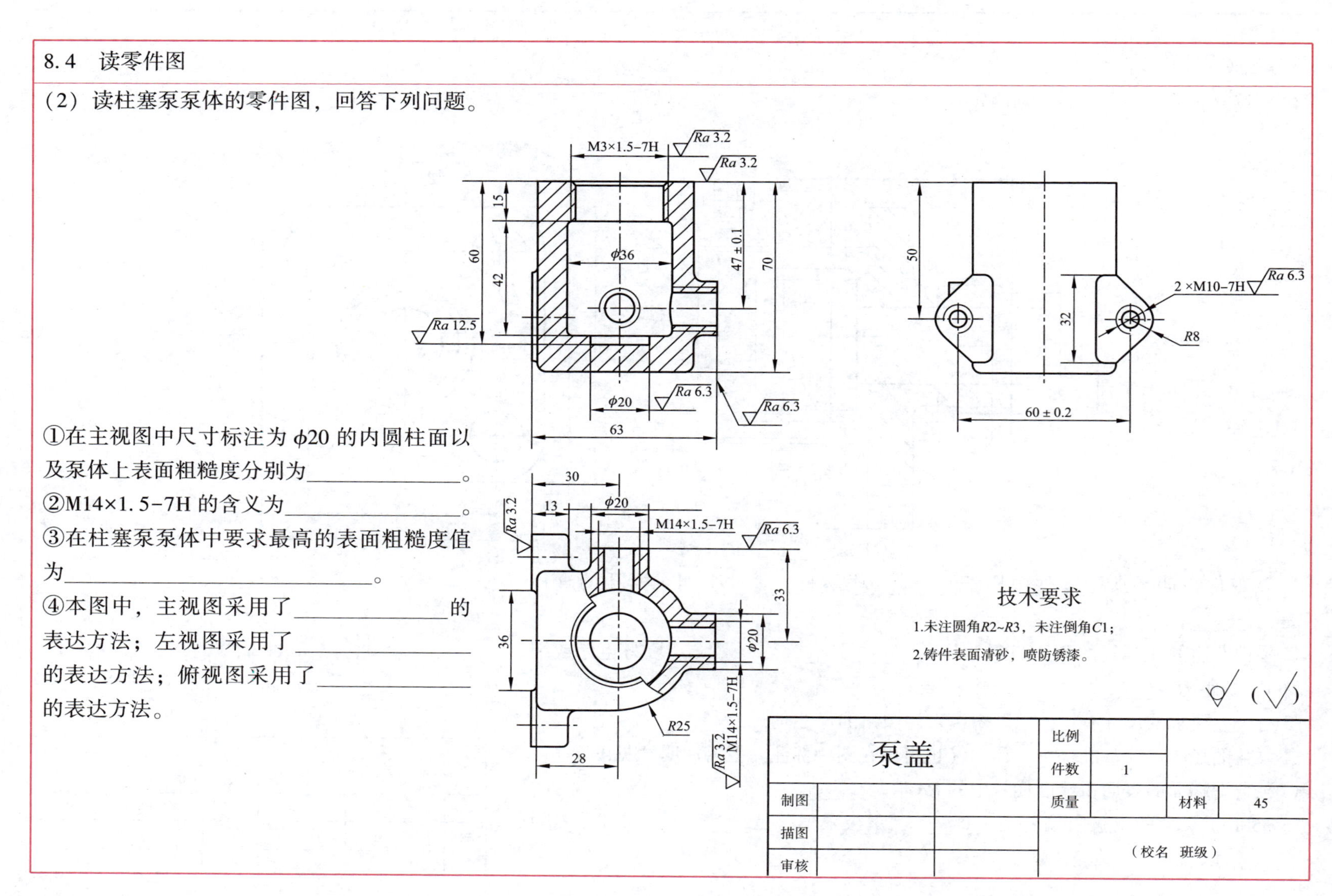

①在主视图中尺寸标注为 $\phi20$ 的内圆柱面以及泵体上表面粗糙度分别为______________。

②M14×1.5-7H 的含义为______________。

③在柱塞泵泵体中要求最高的表面粗糙度值为______________。

④本图中，主视图采用了______________的表达方法；左视图采用了______________的表达方法；俯视图采用了______________的表达方法。

姓名： 班级： 学号：

第 9 章　装配图

9.1　由零件图画装配图——旋塞

作业要求：

根据旋塞轴测装配图（右图），旋塞的工作原理及结构说明，以及它的三个零件（壳体、塞子、填料压盖）的零件图，在图纸上用 1∶1 的比例画出其装配图。

旋塞的工作原理及结构说明：

旋塞是管路中的一个开关，特点是开关动作比较迅速。它的法兰用螺栓与外管道连接。用扳手将塞子扳动 90°，就可全部打开管路。在锥形塞与壳体之间填满石棉盘根，再装上压盖，然后拧动双头螺柱上的螺母，压紧填料，防止泄漏。

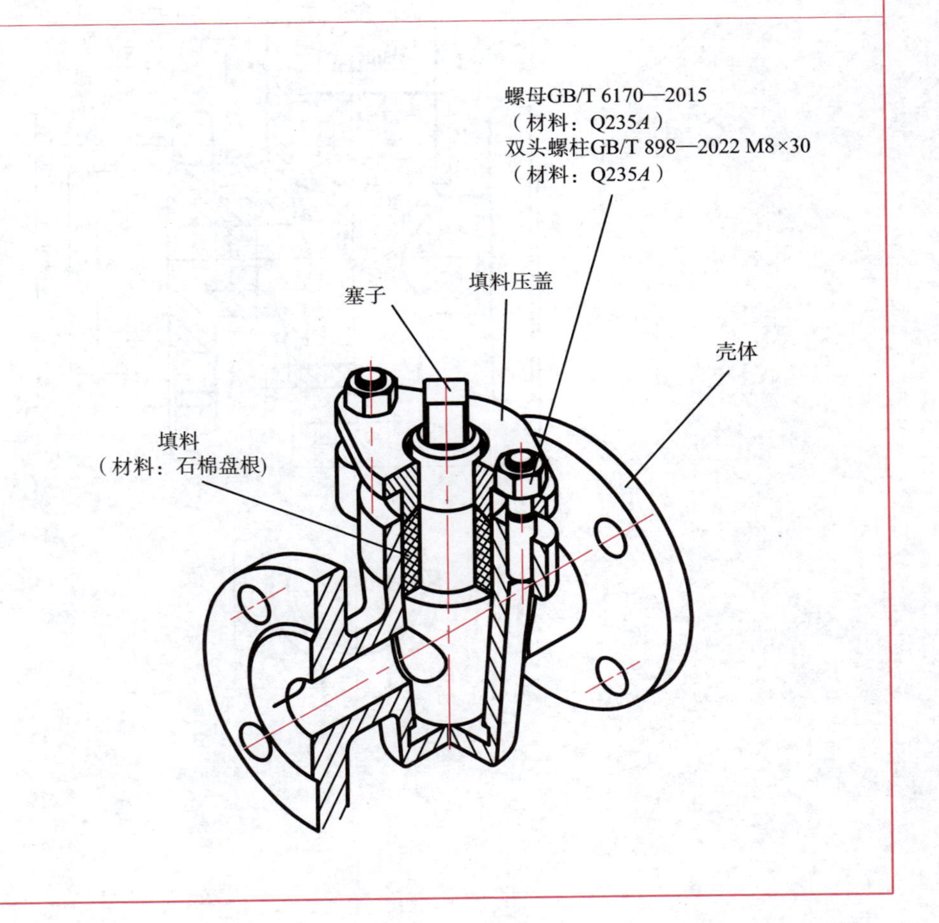

9.1 由零件图画装配图——旋塞

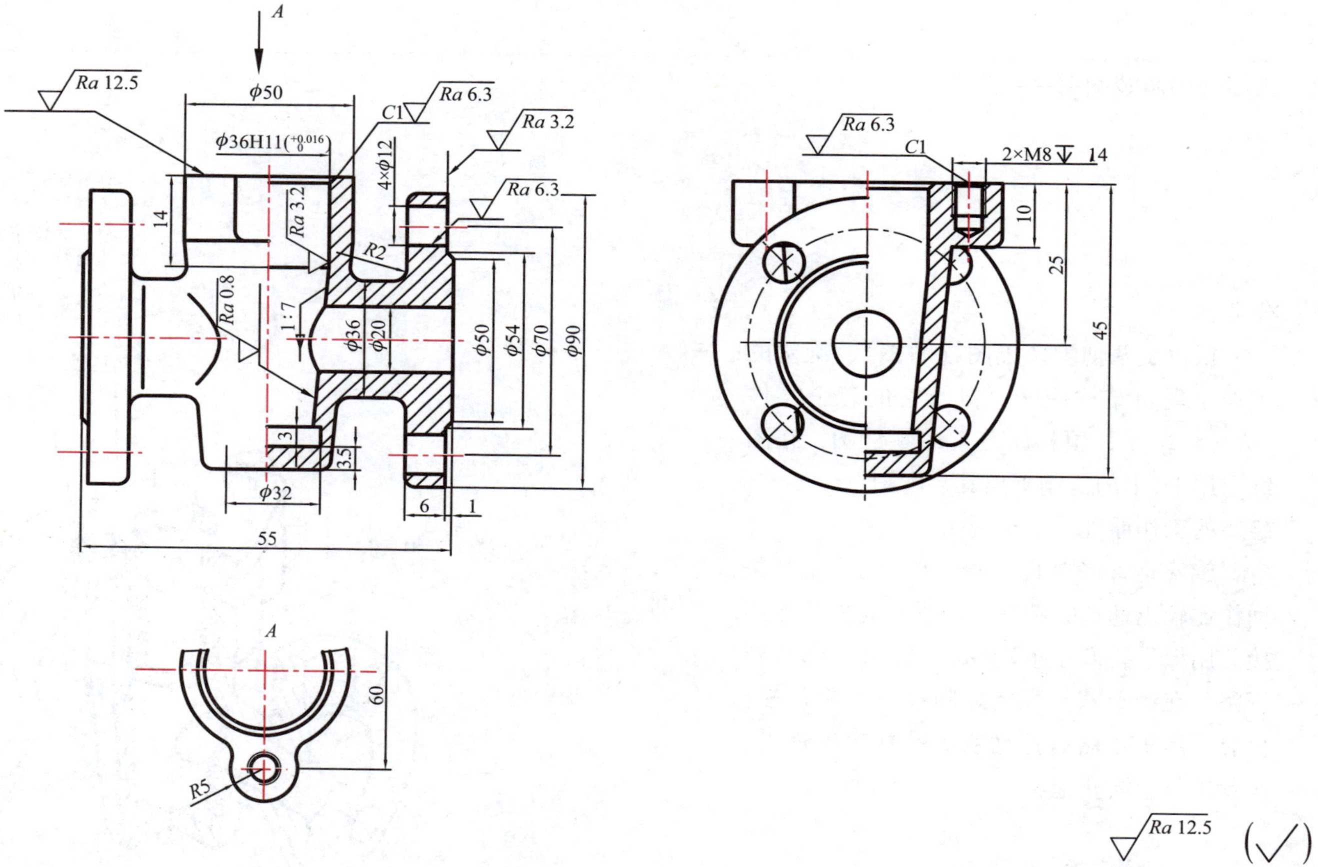

壳体	序号	3	比例	1:1
	数量	1	材料	HT200

姓名： 班级： 学号：

9.1 由零件图画装配图——旋塞

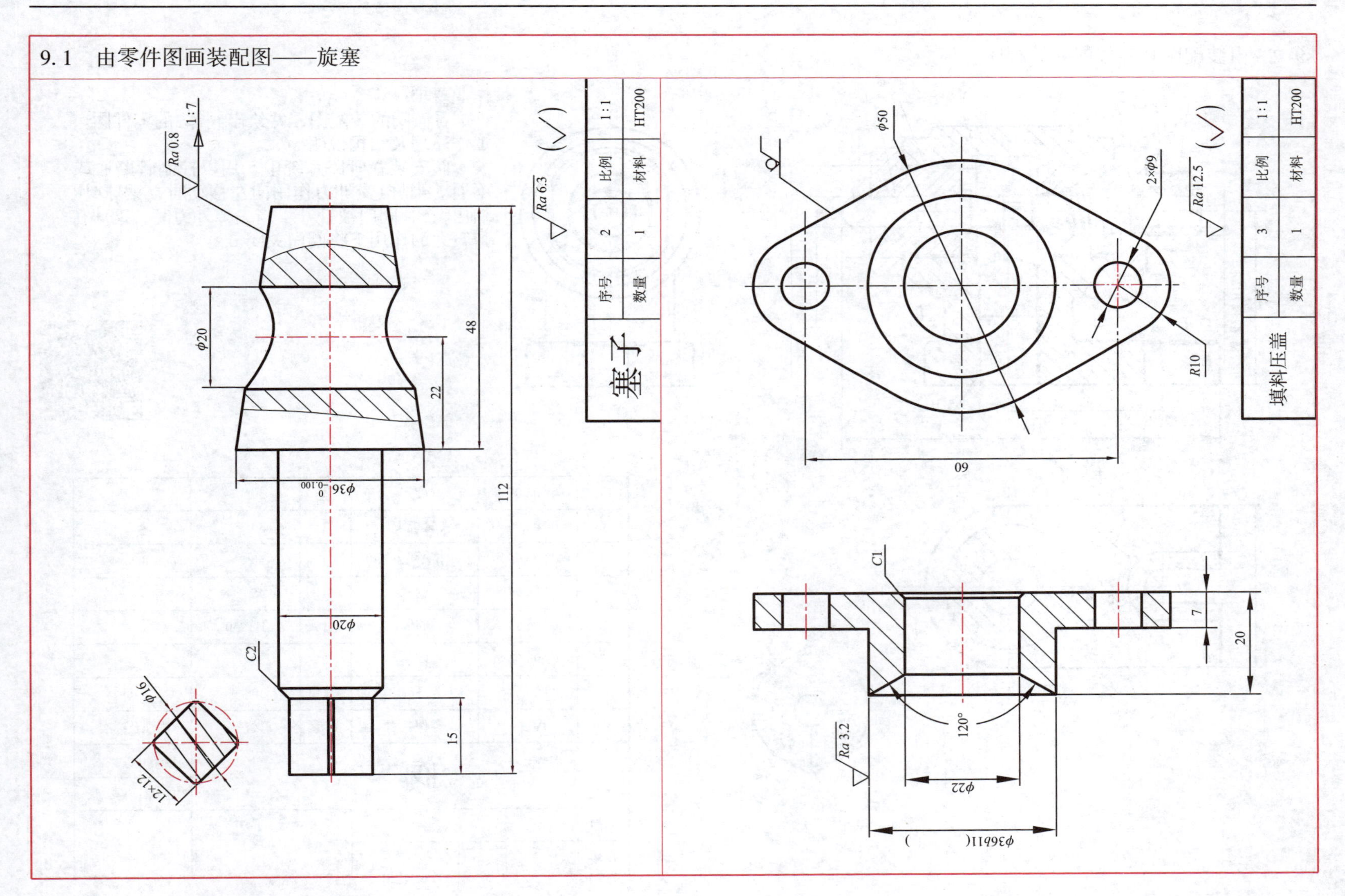

9.2 由装配图画零件图——阀体

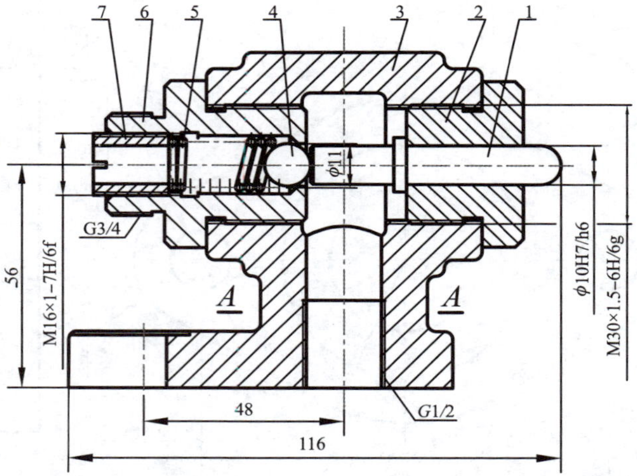

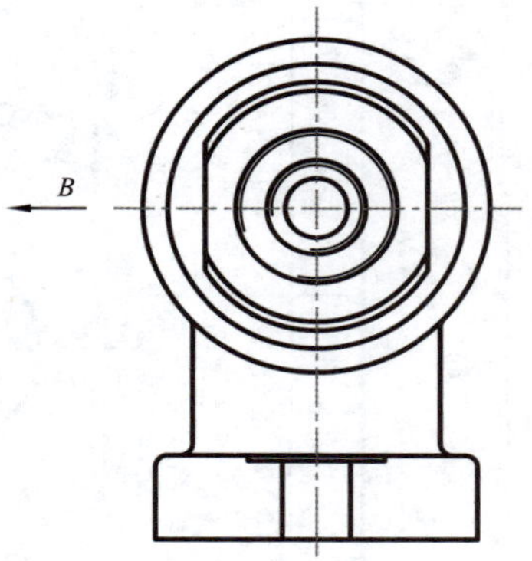

作业要求：

看懂阀的装配图，并绘出阀体3的零件图。

工作原理及结构说明：

阀安装在管路系统中，用以控制管路通或不通。当杆1受外力作用向左移动时，钢球4压缩压簧5，阀门被打开，当去掉外力时，钢球在弹簧力的作用下将阀门关闭。

7 6 5 4 3 2 1

G3/4 56 M16×1-7H/6f A A φ11 φ10H7/h6 M30×1.5-6H/6g B 48 116 G1/2

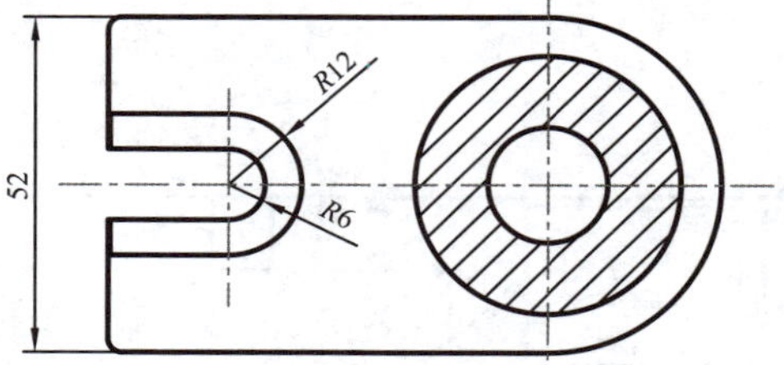

A—A

52 R12 R6

B(件2)

三维模型

7	08.06.07	旋塞	1	30	
6	08.06.06	管接头	1	30	
5	08.06.05	压簧1×12×36	1	50	n=8, n_1=5
4	08.06.04	钢球	1	45	
3	08.06.03	阀体	1	HT250	
2	08.06.02	塞子	2	30	
1	08.06.01	杆	1	30	
序号	代号	零件名称	数量	材料	附注及标准

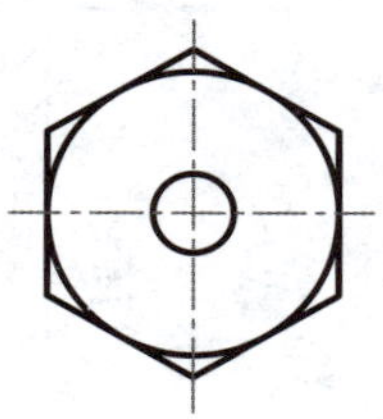

阀			比例	
			共 张	第 张
制图		（厂 房）	图号	
审核				

姓名：　　班级：　　学号：

第 10 章　计算机绘图

10.1　坐标绘图练习

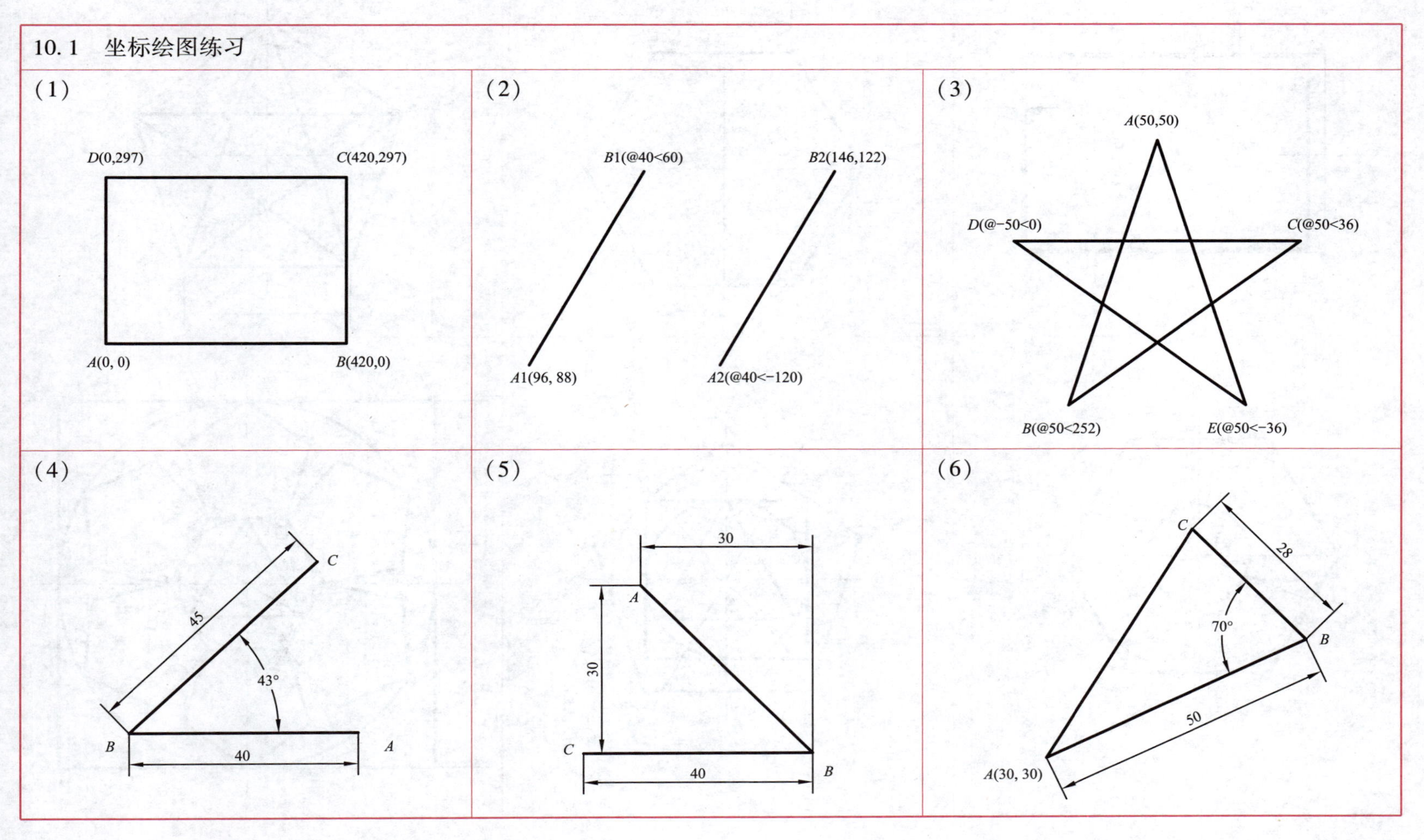

姓名：　　　　班级：　　　　学号：

10.2 矩形与多边形练习

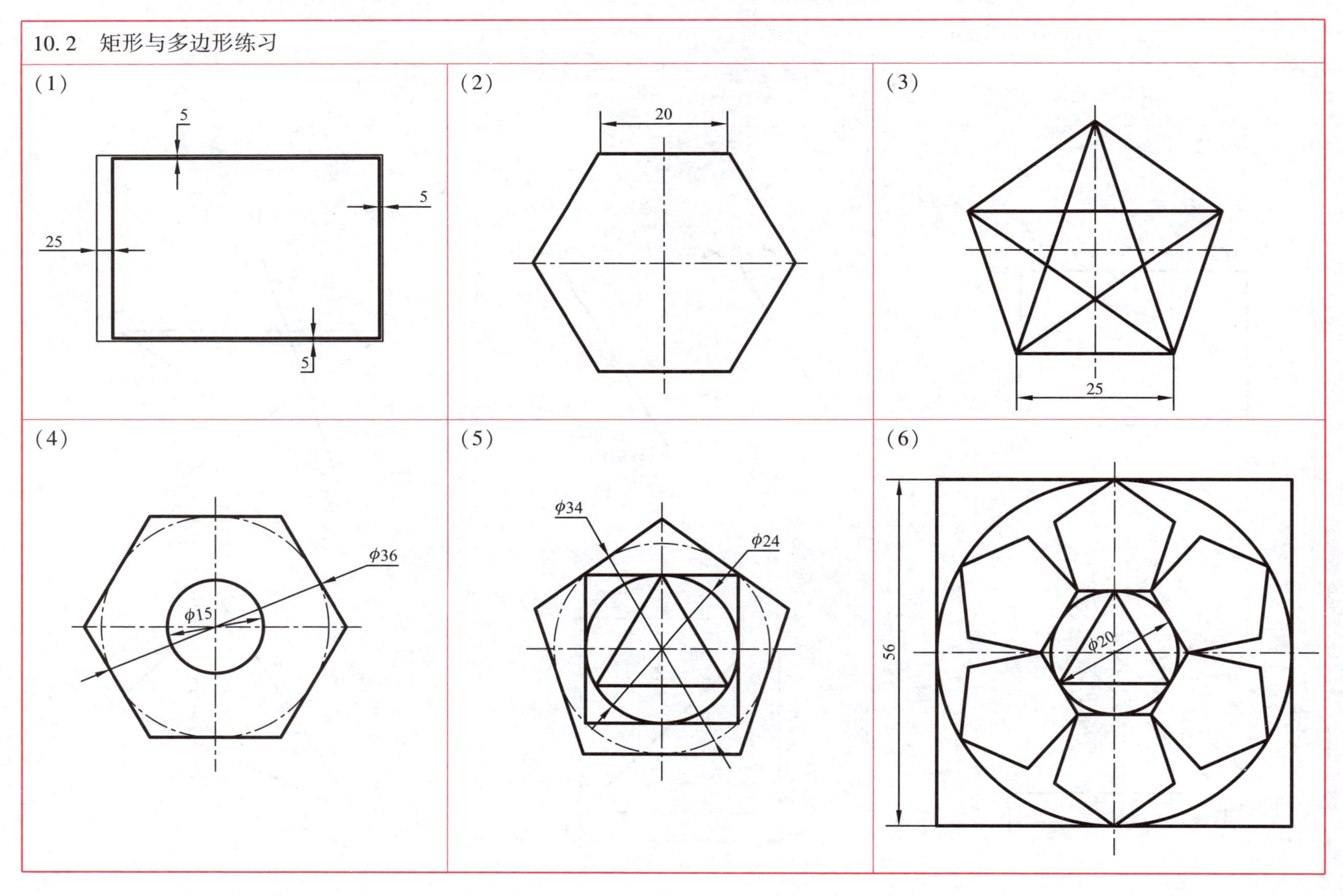

姓名： 班级： 学号：

10.3　圆与椭圆练习

（1）

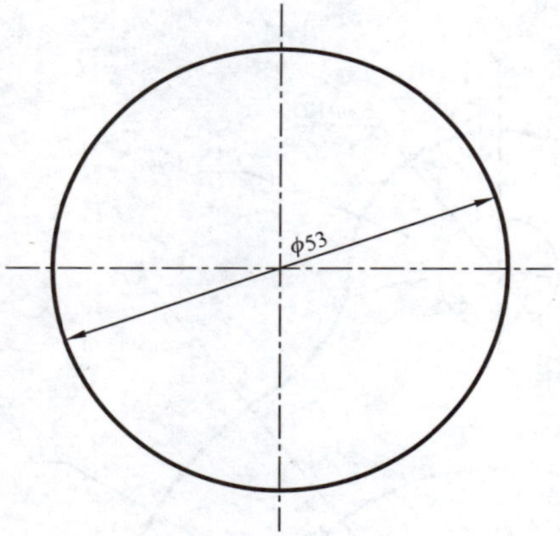

（2）

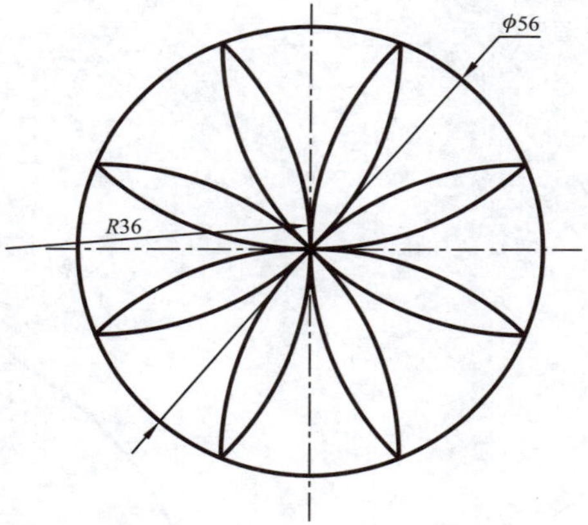

（3）

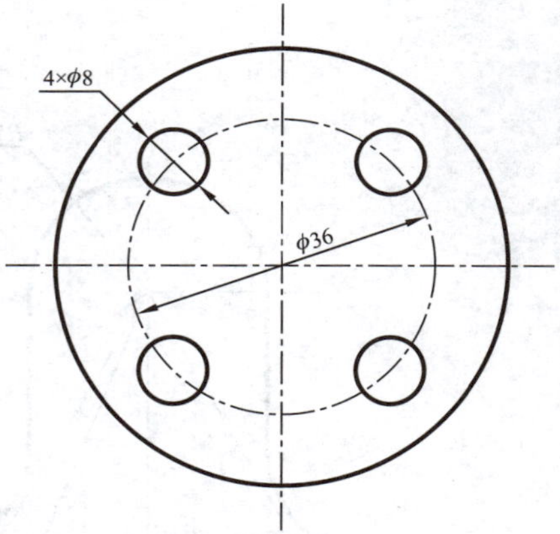

（4）

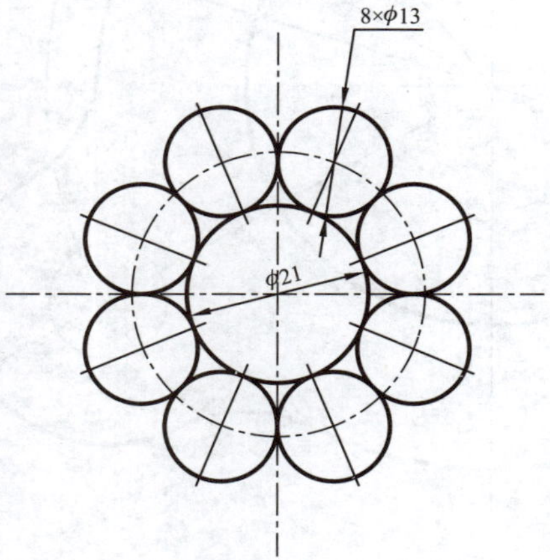

（5）

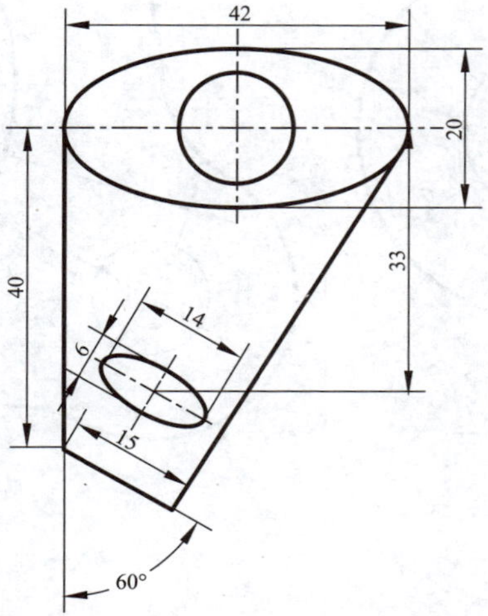

（6）

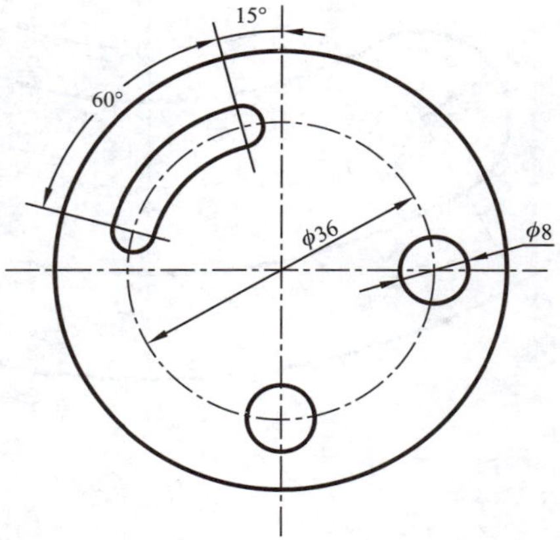

姓名：　　　　班级：　　　　学号：

10.4 圆弧练习

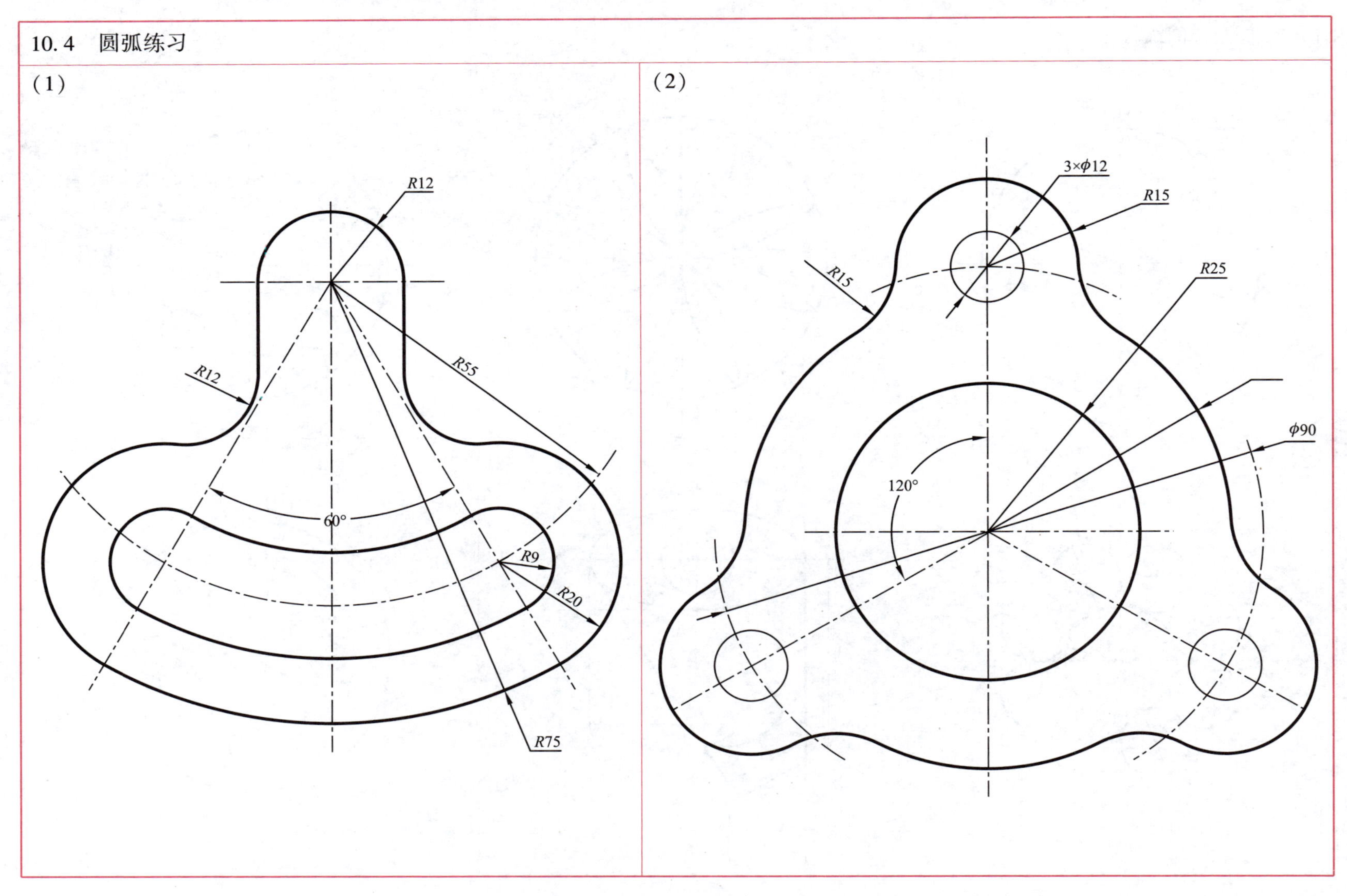

姓名：　　　　班级：　　　　学号：

10.5　尺寸标注练习

(1)

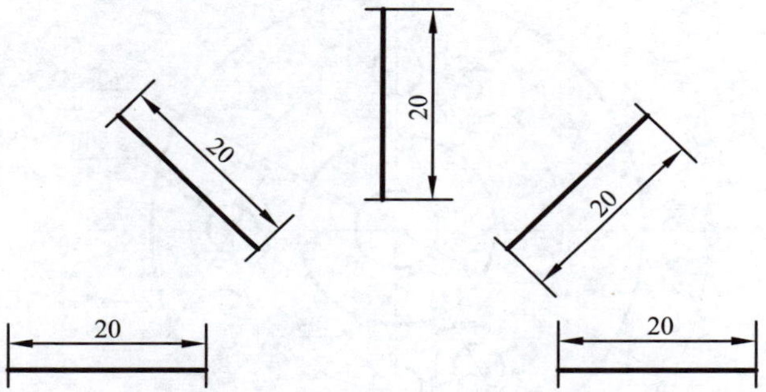

20
20
20
20
20

(2)

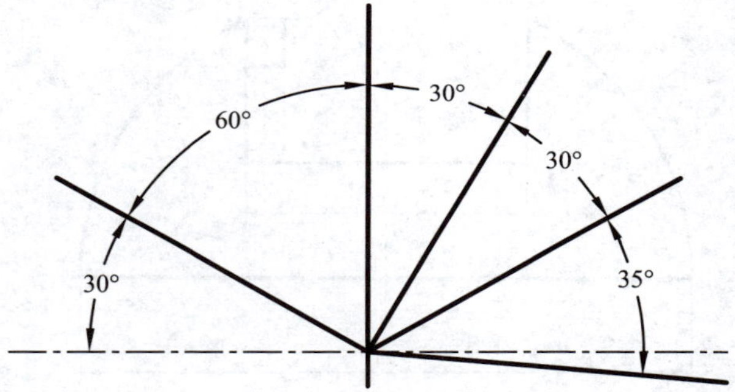

60°
30°
30°
30°
35°

(3)

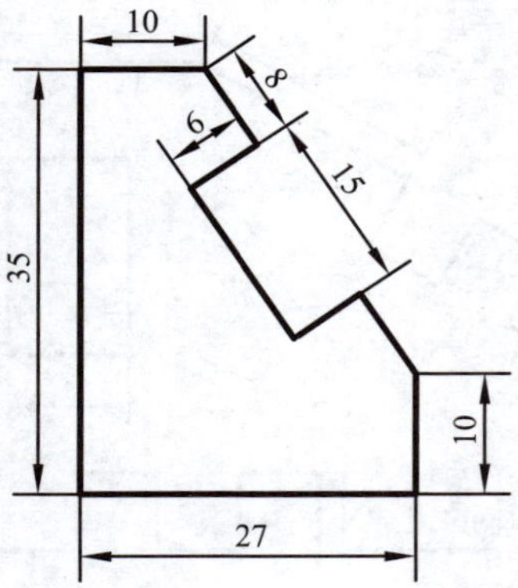

10
8
6
15
35
10
27

(4)

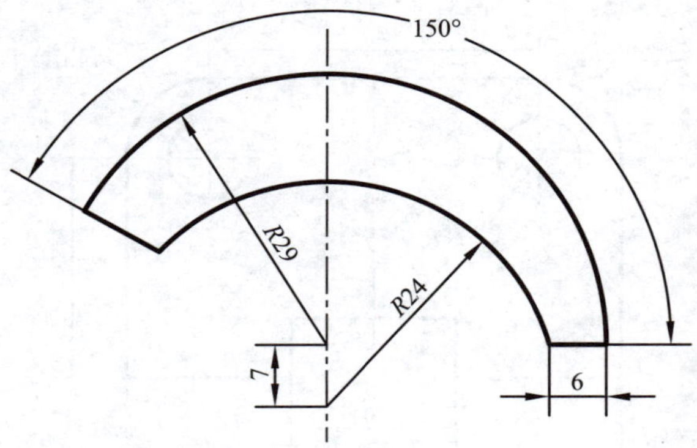

150°
R29
R24
7
6

10.5 尺寸标注练习

（5）

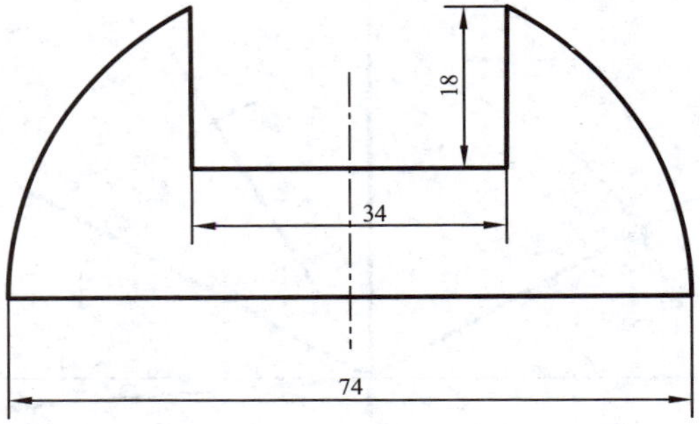

18
34
74

（6）

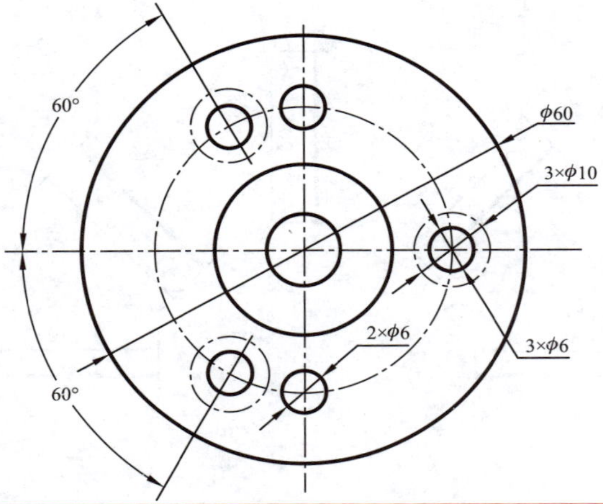

60°
$\phi60$
$3\times\phi10$
$2\times\phi6$
$3\times\phi6$
60°

（7）

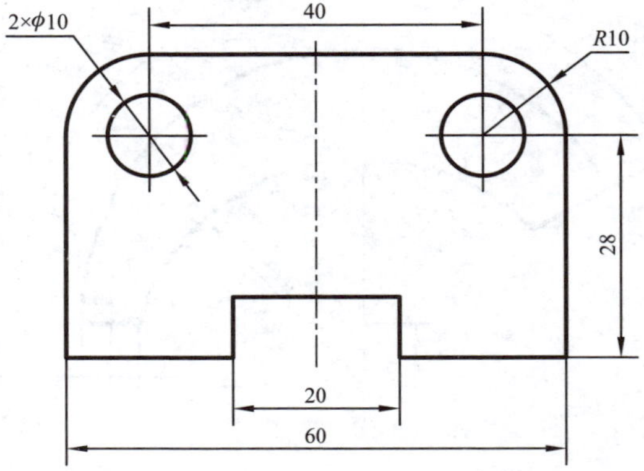

$2\times\phi10$
40
$R10$
28
20
60

（8）

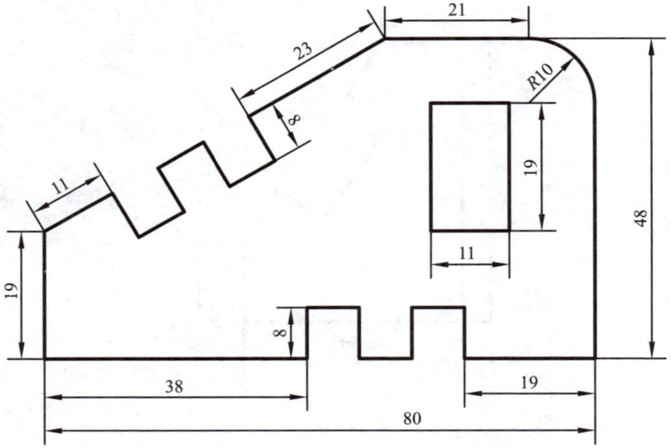

21
23
$R10$
8
11
19
48
11
19
8
38
19
80

姓名：　　　　班级：　　　　学号：

10.6　平面图形综合练习

(1)

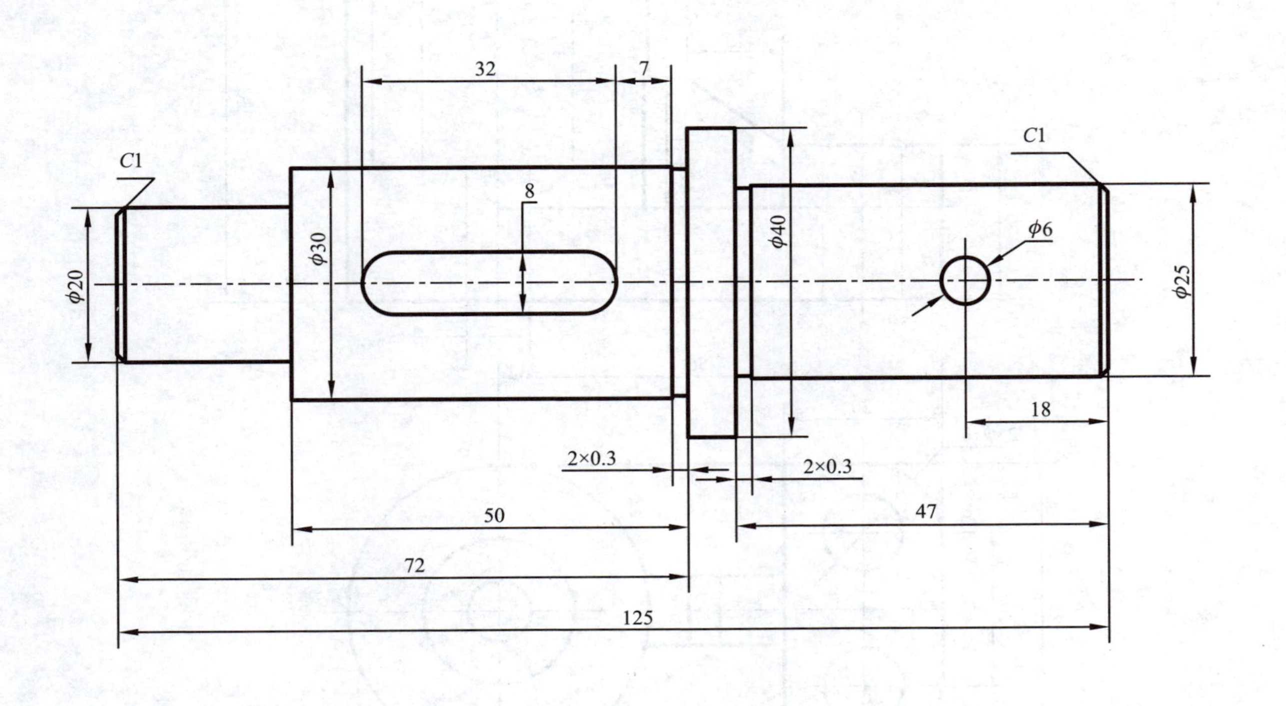

10.6 平面图形综合练习

(2)

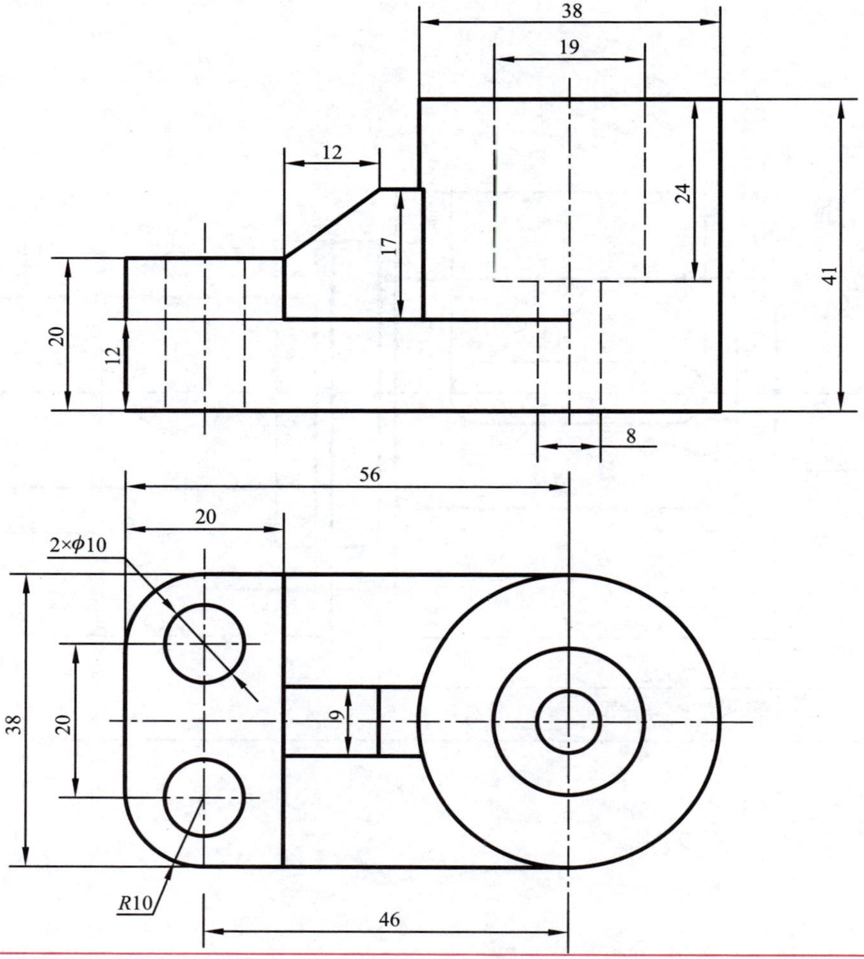

38
19
12
24
17
41
20
12
8
56
20
2×φ10
38
20
9
R10
46

姓名： 班级： 学号：

10.6　平面图形综合练习

(3)

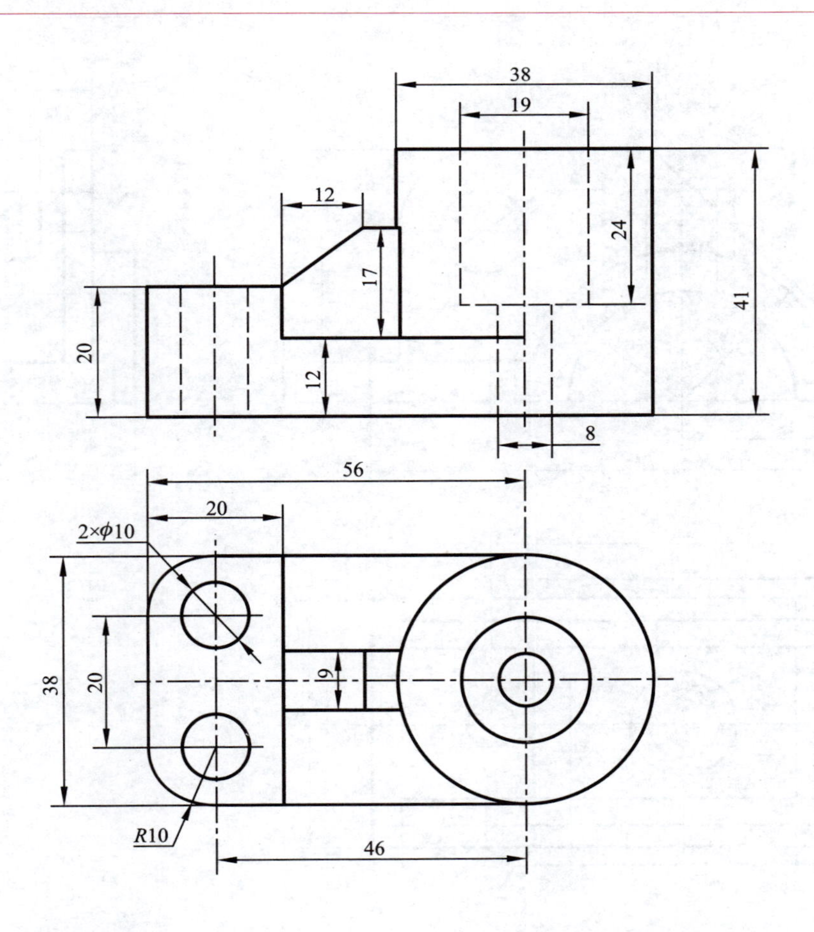

姓名：　　　　班级：　　　　学号：

10.6 平面图形综合练习

（4）

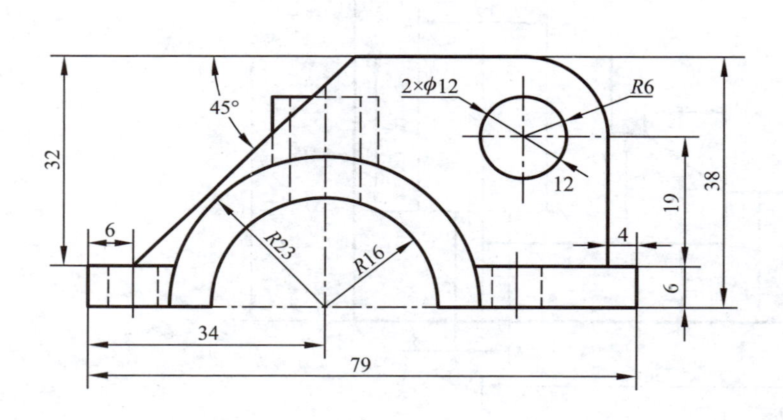

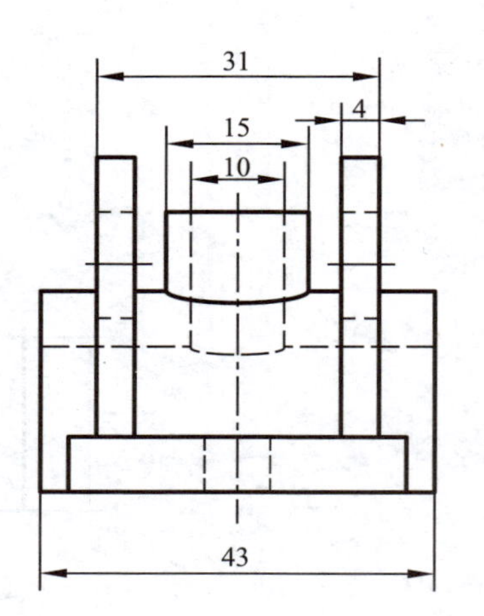

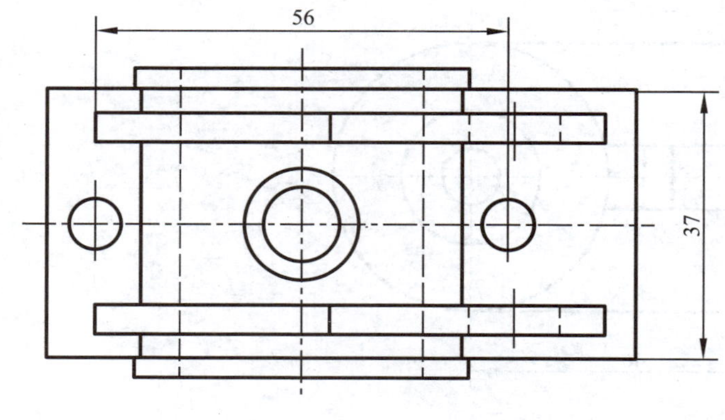

姓名： 班级： 学号：

参考文献

[1] 吴卓，王林军，秦小琼. 画法几何及机械制图习题集 [M]. 2版. 北京：北京理工大学出版社，2018.
[2] 郑敏，李海燕. 机械制图习题集 [M]. 北京：北京邮电大学出版社，2021.
[3] 王丹虹，王雪飞. 现代工程制图习题集 [M]. 2版. 北京：高等教育出版社，2016.
[4] 杨裕根，诸世敏. 现代工程图学习题集 [M]. 4版. 北京：北京邮电大学出版社，2017.
[5] 许睦荀，徐凤仙，温伯平. 画法几何及工程制图习题集 [M]. 4版. 北京：高等教育出版社，2009.